U0320366

果汁 与 果酱

萨巴蒂娜◎主编

中国轻工业出版社

卷首语
水果的一千零一夜

水果可以直接吃，可以做沙拉、做面包、做甜品，还可以做成果酱和果汁。

果酱和果汁，是水果的另外一种化身，其变化无穷、组合无限，即使用一千零一夜，也囊括不尽它的故事。

在没有冰箱的时代，聪明的人们学会了把水果做成果酱，又香又甜，耐储存不说，还增加了无数种吃法。除了涂抹面包和馒头，还可以做成各种饮料和酸奶，甚至在来不及吃早饭时，可以直接吃小半罐充饥。还有，别忘记了各种炸鸡和薯条，蘸着花色不同的果酱吃，在嘴巴里滋生出奇妙的感觉来。

还有果汁，这是我早餐中最不能缺少的一个环节。我喜欢把各种当季的水果混合榨汁吃，不过滤。很多水果直接吃可能口感略酸或略涩，而榨汁之后，却变得特别精彩，比如国光苹果。家里有了榨汁机后，全中国甚至全世界的水果都在我这里聚会了。广西、云南、陕西、山东、海南、四川等地的水果格外好吃，我爱这些中国的味道。

说个小花絮：小外甥种了一株蓝莓，第一年只结了三颗果子，他说送给我。这可让我发了愁，该怎么吃呢？一颗榨果汁，一颗做果酱，一颗做蜜饯？还是一颗敬月光，一颗敬太阳，一颗敬给可爱的你？

快来帮我想一想。

萨巴小传：本名高欣茹。萨巴蒂娜是当时出道写美食书时用的笔名。曾主编过五十多本畅销美食图书，出版过小说《厨子的故事》，美食散文集《美味关系》。现任"萨巴厨房"主编。

萨巴蒂娜
个人公众订阅号

敬请关注萨巴新浪微博　www.weibo.com/sabadina

目录

计量单位对照表

1 茶匙固体材料 =5 克

1 汤匙固体材料 =15 克

1 茶匙液体材料 =5 毫升

1 汤匙液体材料 =15 毫升

CHAPTER 1　　纤体美颜果蔬汁

胡萝卜苹果汁
016

雪梨苹果黄瓜汁
017

草莓甜椒苹果汁
018

菠萝苹果紫甘蓝汁
020

芦笋苹果芹菜汁
022

柠檬番茄汁
023

西芹柠檬汁
024

柠檬蜂蜜黄瓜汁
025

羽衣甘蓝柠檬汁
026

生菜香蕉柠檬汁
028

番茄猕猴桃菠萝汁
029

芦笋黄瓜猕猴桃汁
030

圆白菜猕猴桃汁
032

甜椒猕猴桃菠菜汁
034

西蓝花猕猴桃香蕉汁
036

番茄甜橙西芹汁
037

胡萝卜生姜柳橙汁
038

胡萝卜苹果橘子汁
039

甜菜香橙西柚汁
040

菠萝甜椒香橙汁
042

蓝莓苦瓜橙子汁
044

南瓜橘子汁
046

红枣生姜橘子汁
047

圆白菜柠檬橘子汁
048

番茄草莓橘子汁
050

青橘黄瓜梨子汁
051

紫甘蓝芒果雪梨汁
052

胡萝卜圆白菜梨汁
054

CHAPTER 2  高颜值缤纷思慕雪

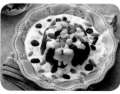

CHAPTER 3　　养生滋补水果茶

CHAPTER 4　花样百出的果酱

青橘酱+青橘茶饮
154

橘子酱+橘子蛋奶布丁
156

橙子酱+橙子吐司
158

蜂蜜西柚酱+柚子酱排骨
160

百香果酱+百香养乐多
162

山楂酱+蔬菜山楂沙拉
164

芒果酱+芒果虾仁
166

菠萝酱+冰糖菠萝粥
168

雪梨酱+罗汉果雪梨水
170

木瓜酱+木瓜奶茶
172

花生酱+巧克力花生酱
174

核桃酱+芝麻核桃酱
176

榛子酱+焦糖榛子酱
178

腰果酱+腰果葡萄干酱
180

杏仁酱+风味杏仁酱沙拉汁
182

开心果酱+开心果酸奶
意式果冻　　184

瓜子酱+香辣瓜子酱
186

巴西坚果酱+巴西坚果罗勒酱
188

初步了解全书

时间、难易度清楚明了

看着名字就流口水

需要用到的食材一目了然，要打有准备的仗

品尝菜肴既有情怀也要吃出健康

详尽直观的操作步骤让你简单上手

烹饪秘籍，让你与美味不再失之交臂

组合变化菜谱让你享受多重风味

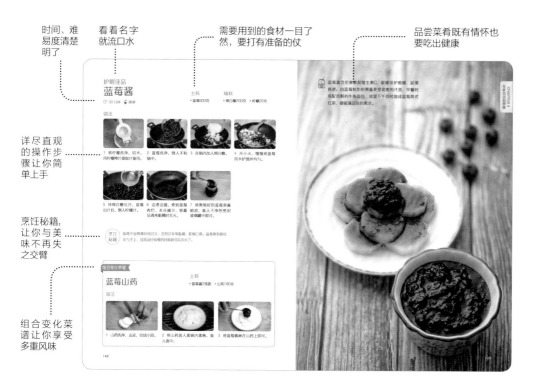

为了确保食谱的可操作性，
本书的每一道菜都经过我们试做、试吃，并且是现场烹饪后直接拍摄的。
本书每道食谱都有步骤图、烹饪秘籍、烹饪难度和烹饪时间的指引，确保你照着图书一步步操作便可以做出好吃的菜肴。但是具体用量和火候的把握也需要你经验的累积。

书中部分菜品图片含有装饰物，不作为必要食材元素出现在菜谱文字中，读者可根据自己的喜好增减。

果汁与果酱

果汁与果酱的常用食材

苹果

苹果的营养成分利于人体吸收，而且热量非常低，由苹果参与制作的果汁和果酱口感和营养都非常丰富。

草莓

草莓营养丰富、色泽鲜艳、果肉鲜甜多汁，放到果茶和果蔬汁里不但可以丰富色彩，还能在口感上使其更加具有层次。

猕猴桃

猕猴桃的口感酸甜，含有大量维生素，购买时尽量挑选果皮呈黄褐色、有光泽的为佳。

柠檬

柠檬含有大量维生素 C，有美容的功效。在果酱中加入柠檬汁可以使味道清新，并且柠檬汁可起凝结的效果，能使果酱更加黏稠。

蓝莓

蓝莓的营养丰富，被誉为"浆果之王"，同时它的颜色也非常好看，无论是做成果汁还是果酱都显得格外漂亮。

橘子

橘子既平价又好吃，口感酸甜可口，营养价值丰富，是制作果酱和果汁的极佳原料。

柚子

柚子是心脑血管病及肾脏病患者极佳的食疗水果，它的口感酸甜，加入果酱和果汁中能够丰富口感，提升营养。

胡萝卜

胡萝卜口感清脆、味道鲜美、营养丰富，有"小人参"之称，它漂亮的颜色加上特别的口感，用在果蔬汁中格外增色。

甜椒

甜椒的颜色鲜艳，味道不辣微甜，含有丰富的抗氧化物质，用于果蔬汁中可以丰富色彩，提升营养。

甘蓝

甘蓝可以增强人体的免疫力，营养价值很高。购买时应挑选叶球干爽、鲜嫩而有光泽、无枯烂叶的。

黄瓜

黄瓜的营养丰富，不但有美容养颜的功效，还有护脑的功能，它的口感清香，更适用于榨汁食用。

番茄

番茄富含多种维生素，酸甜多汁，具有特殊的风味。购买时应挑选颜色粉红、浑圆的番茄，味道最为沙甜可口。

花生

花生中的钙含量极高，可以促进人体的生长发育，由花生制作的坚果酱是颇具营养价值的佐餐佳品。

核桃

核桃有非常好的补脑效果，将它碾碎、压榨、研磨后做成坚果酱，能让身体更好地吸收营养。

榛子

榛子的营养价值非常高，由它制作的坚果酱，既可直接食用，又可搭配其他食物，食用起来非常方便。

腰果

腰果有抗氧化、防衰老的功效，将腰果研磨做成的坚果酱，能释放出浓郁的油脂香气，让人更有食欲。

制作鲜榨果蔬汁的注意事项及窍门

食材要新鲜

用新鲜的水果和蔬菜制作果蔬汁，食材越新鲜，制作出来的味道越鲜美，并且营养成分更高。

提前焯烫断生

蔬菜榨汁前先用开水焯烫一下断生，能去掉氧化酶的活性，减少维生素的损失，还可以让果蔬汁颜色鲜艳，不易变色。

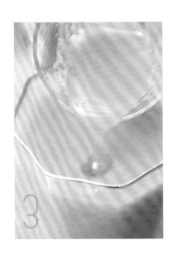

不要过度调味

制作果酱与果汁时不需要加入过多的调味剂，因为水果和蔬菜本身的味道就已经非常鲜甜，喜甜或喜酸者，可以适当加入蜂蜜与柠檬汁即可。添加过多的调味剂反而会影响果蔬汁本身的味道，并且不利于身体健康。

控制鲜榨时间

榨汁时间不宜过长，使用电动榨汁机一般应控制在10~20秒，膳食纤维比较多的水果或者蔬菜除外。这样的时间更能有效锁住食材的营养，时间过长会使营养流失，还会影响口感。

尽快饮用

鲜榨果蔬汁应尽快饮用，最好是即榨即喝，应在半小时内饮用完毕，如果长时间存放，果蔬汁就会变色，而且水果中的营养成分也会被氧化，果蔬汁的味道也会发生改变。

制作果酱的注意事项及窍门

1 食材的挑选

制作水果酱的食材应选择新鲜的水果，但并不是越熟越好，越甜越好。熟的水果比较甜，可以提供甜度，但有些硬度的果子也可以添加一些，因为它的果胶、果酸含量比较大，可以使果酱更好地凝结，更加黏稠，也能更好地形成甜酸的层次。

2 制作工具

熬制水果酱的工具应挑选玻璃、搪瓷、陶锅、不锈钢锅、砂锅。最好不要选择铁锅，而搅拌使用的铲子也应该用木铲、不锈钢铲，因为水果中的果酸会与铁发生化学反应，导致果酱变色，还会影响果酱的口感。

3 食材的配比

制作果酱，糖是必不可少的，除了调味以外，还能起到防腐的作用。熬制果酱的时候需要加入大量的糖，一般情况下，糖的占比应是水果的三分之一左右。

4 熬制的时间

果酱的熬制时间是根据果酱的黏稠度来判断的，不同的水果有不同的时间。一般我们只要熬制到果酱显出光泽、呈浓稠状时就可以了。

5 火候

熬制果酱的火候不宜过大，需要用小火慢慢熬制，并且不断搅拌，以避免烧焦。

6 果酱的储存

用来存储果酱的瓶子必须是干净的，经过开水煮滚，然后倒置，让水分自然风干，晾干后保持干燥，无油无水才可以使用。

纤体美颜
果蔬汁

美肤养颜达人组
胡萝卜苹果汁

🕙 10分钟　🍵 简单

胡萝卜独特的味道搭配酸甜可口的苹果，一口喝下去，令你心情愉悦。这款果蔬汁低卡饱腹，既能缓解压力，提神醒脑，还能美容养颜。丰富的膳食纤维和满满的维生素C，为你开启元气满满的一天。

主料

▸ 胡萝卜200克　▸ 苹果300克

辅料

▸ 蜂蜜少许

做法

1　胡萝卜洗净，切成小块待用。

2　苹果洗净、去核，切成小块待用。

3　将胡萝卜块与苹果块一并放入榨汁机中。

4　加入少许蜂蜜与150毫升凉白开，搅打均匀即可。

烹饪秘籍

清洗苹果时，先在空盆中加入温水，水量没过苹果，将苹果在温水中浸泡10分钟，然后取出，用少许盐或小苏打来回搓洗，这样能更有效地把果皮的残留物清洗干净。

越喝越瘦
雪梨苹果黄瓜汁

⏱ 6分钟　🥤 简单

 雪梨甜美多汁、润肠通便；黄瓜味道清香，含有丰富的维生素。雪梨和黄瓜的搭配，不仅美容护肤、延缓衰老，还能促进肠胃蠕动，有减肥的功效。再加上苹果提味，酸甜可口。清晨喝一杯，轻身消脂，心情也跟着好了起来。

主料

▶雪梨300克　▶苹果200克
▶黄瓜100克

辅料

▶蜂蜜少许

烹饪秘籍

黄瓜皮的营养非常丰富，尽量不要去皮。清洗时应将整个黄瓜在盐水里浸泡15分钟，这样能更好地清洗掉黄瓜皮上的农药残留。

做法

1 雪梨洗净，去皮、去核，切成4瓣待用。

2 黄瓜洗净，去头、去根，切成小块待用。

3 苹果洗净，去核，切成小块待用。

4 将全部蔬果一起放入榨汁机中，加入少许蜂蜜和50毫升凉白开，搅打均匀即可。

唤醒味蕾的选择
草莓甜椒苹果汁

🕐 15分钟　🍸 简单

主料

▸ 黄甜椒100克　▸ 草莓160克　▸ 苹果250克

辅料

▸ 冰糖20克　▸ 柠檬半个

甜椒一般多用于炒菜中，它的味道有一点淡淡的甜味，用它来榨汁，味道也丝毫不违和。它与草莓和苹果搭配，不仅能增添亮色，还可以美白护肤。甜椒富含膳食纤维，可以促进消化，帮助肠胃吸收。

做法

1 黄甜椒洗净，对半切开，去蒂、去子，切成小块。

2 将处理好的黄甜椒放入沸水中，余烫1分钟，捞出，沥干水分待用。

3 草莓洗净，切块待用；苹果洗净、去核，切成小块待用。

4 取空碗，放入冰糖，加入刚刚没过冰糖的凉白开，化成糖水待用。

5 柠檬洗净，切半，用柠檬榨汁器取半个柠檬的果汁待用。

6 然后将黄甜椒、草莓、苹果一起放入榨汁机中。

7 加入冰糖水与100毫升凉白开，搅打均匀。

8 最后将搅打好的果蔬汁倒入杯中，加入柠檬汁搅匀即可。

烹饪秘籍　如果没有榨汁器，可以先将柠檬用少许盐搓洗干净，然后用手在桌面上轻揉，使柠檬变得柔软，再切开挤汁，用这样的方法可以取出更多的柠檬汁。

一口喝掉花青素
菠萝苹果紫甘蓝汁

🕐 15分钟　🍸 简单

主料

▸ 菠萝300克　▸ 苹果150克　▸ 紫甘蓝200克

辅料

▸ 蜂蜜少许　▸ 盐2茶匙

紫甘蓝富含膳食纤维和花青素，可以促进消化，预防便秘，还可以美容养颜。它与菠萝、苹果搭配制作的果蔬汁，不仅颜色特别，而且调和了苹果和菠萝的酸味，使果蔬汁更加甘甜可口。

做法

1　用水果刀将菠萝的两头切掉，然后将菠萝皮从上往下削掉。

2　接着用水果刀对着菠萝眼打V字刀，切掉菠萝眼。

3　将菠萝先切成4块，然后去掉心部，取200克切成小块。

4　将菠萝放入空盆，加入刚刚没过菠萝的水，放入盐，在盐水中浸泡30分钟，洗净待用。

5　苹果洗净，去核，切成6瓣待用；紫甘蓝洗净，切成丝待用。

6　将菠萝块、苹果块、紫甘蓝丝一起放入榨汁机中，加入少许蜂蜜，搅打成汁即可。

烹饪秘籍　菠萝先在盐水中浸泡30分钟，能够降低菠萝朊酶的活性，避免对口腔的刺激；还能中和菠萝中的草酸，并可使菠萝的味道更甜。

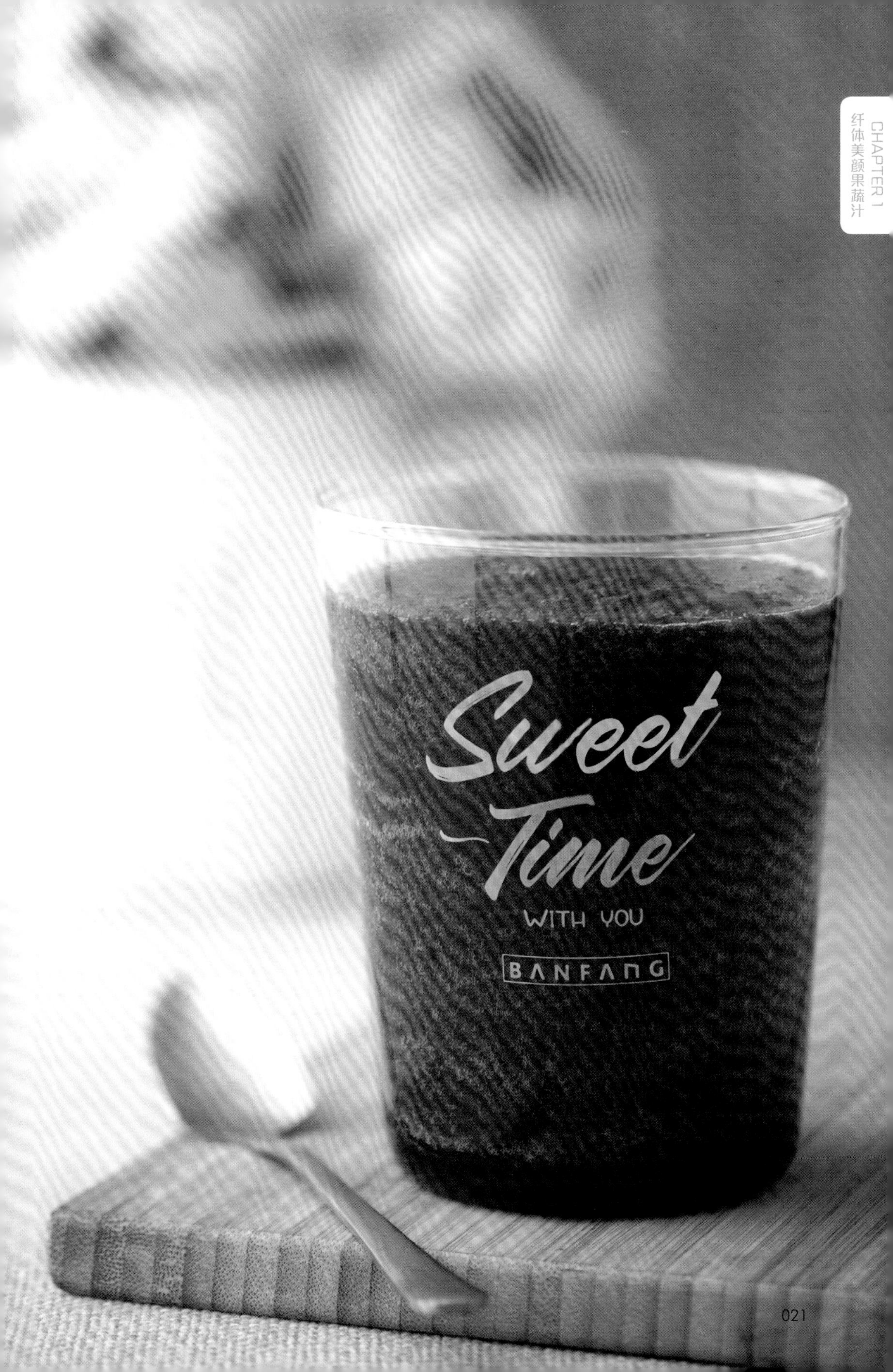
Sweet
Time
WITH YOU
BANFANG

安神养颜
芦笋苹果芹菜汁

🕐 8分钟　🥤 简单

 苹果、芦笋、芹菜，经过30秒的鲜榨，成就了一杯既健康又美味的果蔬汁，它包含了芦笋中丰富的硒，有抗癌、预防心脏疾病和减肥的功效；还包含了芹菜中的碱性成分，可以帮助睡眠、镇静心神，每天喝一杯，帮助你开启健康新生活。

主料

▸ 芹菜150克　▸ 芦笋100克
▸ 苹果200克

辅料

▸ 蜂蜜少许

做法

1 芦笋去掉老的根部，洗净，切成小段待用；芹菜去根，洗净后撕去老筋，切成小段待用。

2 将处理好的芦笋、芹菜，分别放入沸水中，余烫2分钟，捞出，沥干水分待用。

3 苹果洗净，去核，切成6瓣待用。

烹饪秘籍

购买芹菜时应挑选颜色鲜绿、不带老梗、没有虫伤、叶柄厚实的，这样的芹菜比较新鲜，口感较好。

4 将芦笋、芹菜、苹果一起放入榨汁机中。

5 加入少许蜂蜜和100毫升凉白开，搅打均匀即可。

白皙肌肤喝出来
柠檬番茄汁

🕐 8分钟　👆 简单

 番茄含有丰富的维生素C与胡萝卜素,有增强免疫力和美白护肤的功效。柠檬酸酸甜甜,同样含有大量的维生素C,对于抑制色素沉淀有非常好的功效。餐前喝一杯,不仅可以提升食欲,还会在不知不觉间达到美白的效果。

主料

▸柠檬150克　▸番茄400克

辅料

▸蜂蜜少许　▸冰块少许

烹饪
秘籍

如何轻松给番茄去皮:先将番茄洗净,在番茄的顶部和底部用刀划十字花,然后用开水上下淋烫番茄,最后沿着卷起的番茄皮轻轻撕下即可。

做法

1　柠檬洗净,切半,用柠檬榨汁器取半个柠檬的果汁待用。

2　番茄洗净后去皮、去蒂,切成小块待用。

3　将番茄块放入榨汁机中,加入少许蜂蜜,搅打均匀。

4　将番茄汁倒入杯中,加入柠檬汁,搅拌均匀后放入冰块即可。

西芹柠檬汁

 5分钟　简单

西芹一般多用于做炒菜与配菜，但其实西芹榨汁也非常有营养，它含有大量的膳食纤维，可以加快肠道的消化，有减肥的功效。它与酸甜的柠檬搭配，口感甚好，还能够轻身消脂。

主料

▶ 西芹300克　▶ 柠檬100克

辅料

▶ 蜂蜜少许

做法

1 西芹洗净后撕去老筋，切成小段待用。

2 柠檬洗净，切半，用柠檬榨汁器取柠檬的果汁待用。

3 将西芹段放入榨汁机中，加入少许蜂蜜和100毫升凉白开，搅打均匀。

4 将西芹汁倒入杯中，加入柠檬汁，搅拌均匀即可。

烹饪秘籍

西芹的叶子的营养比茎还要高，食用时应该将叶子与茎一起食用。

排毒瘦身
柠檬蜂蜜黄瓜汁

⏱ 15分钟　🍸 简单

 黄瓜和柠檬都含有大量的维生素C，经常食用有美白护肤的功效。黄瓜还含有膳食纤维，可以加快肠道蠕动，帮助体内宿便的排出，起到减肥的功效。这款果蔬汁不但能止咳化痰，还能排除毒素，延缓衰老。

主料

▸ 黄瓜350克　▸ 柠檬80克
▸ 苹果150克

辅料

▸ 蜂蜜少许

烹饪秘籍

清洗柠檬时先用40℃左右的温水浸泡10分钟左右，这样可以溶解柠檬表皮的蜡，再用食盐来回搓洗，这样可以有效洗掉柠檬表皮的残留物。

做法

1 黄瓜洗净，去皮，切成小段待用。

2 柠檬洗净，切成薄片，去核待用；苹果洗净，去皮，切成小块待用。

3 将黄瓜段、柠檬片、苹果块一起放入榨汁机中。

4 加入少许蜂蜜，搅打均匀即可。

时髦人士的专宠
羽衣甘蓝柠檬汁

🕐 10分钟 🥤 简单

主料

▸ 羽衣甘蓝300克　▸ 柠檬100克

辅料

▸ 椰子水200毫升　▸ 生姜1片　▸ 蜂蜜少许

羽衣甘蓝是时髦人士的新宠，它富含铁、钙、维生素C、蛋白质，而且不含脂肪，既能美容养颜还能减肥，对身体的益处颇多。它涩涩的口感与柠檬的酸甜很是互补，两者强强联手，无论味道还是营养都非常棒哦。

做法

1 羽衣甘蓝洗净，去除根部和主茎干，以及粗一点的叶脉后，切碎待用。

2 新鲜椰子取汁200毫升待用。

3 柠檬洗净，切半，用柠檬榨汁器取汁待用。

4 将羽衣甘蓝丝、生姜片一起放入榨汁机中。

5 加入少许蜂蜜和150毫升的椰子水，搅打均匀。

6 将搅打好的羽衣甘蓝汁倒入杯中，加入柠檬汁，搅拌均匀即可。

 烹饪秘籍　如何挑选新鲜的羽衣甘蓝：第一，应挑选叶片颜色看起来鲜翠的；第二，最佳购买时节是从九月的收获季到来年的二月结束，这个时期的羽衣甘蓝会比较新鲜。

生菜香蕉柠檬汁

🕐 5分钟　🍶 简单

 生菜口感清新，含有的甘露醇成分可以清除血液中的垃圾，促进血液循环。香蕉香甜软滑，可以舒缓紧张的情绪。生菜搭配香蕉，再加上柠檬，清新香甜中带点微酸，喝上一杯，让你享受一天的好心情。

主料

▸生菜150克　▸香蕉250克
▸柠檬70克

辅料

▸蜂蜜少许

做法

1 生菜去根，洗净，切成小段待用。

2 香蕉去皮，切成小块待用；柠檬洗净，去核，切成薄片待用。

3 将生菜段、香蕉块、柠檬片一起放入榨汁机中。

4 加入少许蜂蜜和50毫升凉白开，搅打均匀即可。

烹饪秘籍

最好使用花叶生菜榨汁，因为花叶生菜的食用部分含水量比较高。

美妙口感
番茄猕猴桃菠萝汁

⏱ 10分钟　🥄 简单

 酸酸甜甜的猕猴桃含丰富的维生素C，不仅能美白肌肤、延缓衰老，还能帮助消化。菠萝与番茄也富含维生素C，这三种食材搭配，口感非常美妙，餐前喝一杯，开胃、解腻、助消化。

主料

▶ 番茄200克　▶ 猕猴桃250克
▶ 菠萝200克

辅料

▶ 蜂蜜少许　▶ 盐2茶匙

做法

1 番茄洗净，去皮，去蒂，切成小块待用；猕猴桃洗净，切去两头，去掉果皮，切成小块待用。

2 菠萝洗净，去掉两头，去掉果皮，切成小块。

3 盆中放入菠萝，加入刚刚没过菠萝的水，撒上盐搅匀，让菠萝在盐水里浸泡30分钟后捞出待用。

4 将番茄、猕猴桃、菠萝一起放入榨汁机中。

5 加入少许蜂蜜与50毫升凉白开，搅打均匀即可。

烹饪秘籍

如何给猕猴桃轻松去皮：将猕猴桃洗净，用水果刀切掉两头，从切开的一头用流匙在果皮与果肉的交界处慢慢推进去，再围绕着猕猴桃慢慢转圈，把果肉与果皮分开，最后将果皮轻轻一拉就去掉了。

减肥达人的最爱
芦笋黄瓜猕猴桃汁

🕐 8分钟　🥤 简单

主料

▶ 芦笋50克　▶ 黄瓜150克　▶ 猕猴桃200克

辅料

▶ 蜂蜜少许　▶ 柠檬半个

 黄瓜肉质脆嫩，做成果蔬汁非常好喝。它与含硒丰富的芦笋、酸甜可口的猕猴桃组合在一起，有抗癌养生、美容养颜的效果。

做法

1 芦笋洗净后去除老的根部，切成小段。

2 将处理好的芦笋放入沸水中，余烫2分钟，捞出，沥干水分待用。

3 黄瓜洗净，去除头和尾，切成小块待用。

4 猕猴桃洗净，切去两头，去掉果皮，切成小块待用。

5 将柠檬挤出柠檬汁。

6 将芦笋段、黄瓜块、猕猴桃块一起放入榨汁机中。

7 加入少许蜂蜜与50毫升凉白开，搅打均匀。

8 将搅打好的芦笋黄瓜猕猴桃汁倒入杯中，加入少许柠檬汁，搅拌均匀即可。

 烹饪秘籍　如果觉得柠檬取汁比较麻烦，也可以购买现成的瓶装柠檬汁。

清肠养颜
圆白菜猕猴桃汁

🕐 8分钟 　🍸 简单

主料

▸ 圆白菜250克　▸ 猕猴桃150克

辅料

▸ 蜂蜜少许　▸ 柠檬汁少许　▸ 冰块少许

 圆白菜含有丰富的叶酸和膳食纤维，能有效改善便秘，清除肠道垃圾。它与酸酸甜甜的猕猴桃搭配，味道非常可口，每天喝一杯，清肠解腻，帮助你的身体回归轻盈。

做法

1 圆白菜洗净，切成碎块待用。

2 将处理好的圆白菜放入沸水中，余烫1分钟，捞出，沥干水分待用。

3 猕猴桃洗净，切去两头，去掉果皮，切成小块待用。

4 柠檬洗净、切半，用柠檬榨汁器取半个柠檬的果汁待用。

5 将圆白菜、猕猴桃一起放入榨汁机中。

6 加入少许蜂蜜和100毫升凉白开，搅打均匀。

7 将搅打好的圆白菜猕猴桃汁倒入杯中，加入柠檬汁和冰块搅匀即可。

烹饪秘籍　清洗圆白菜时不能用盐水，因为盐会在圆白菜上面形成水膜，反而不易去除农药的残留。

清爽不腻，夏天的味道
甜椒猕猴桃菠菜汁

🕐 8分钟　🍸 简单

主料

▸ 甜椒50克　▸ 猕猴桃200克　▸ 菠菜60克

辅料

▸ 蜂蜜少许

 菠菜含有大量的膳食纤维，可以帮助消化，利于排便。用它榨成的果蔬汁看上去也是生机勃勃的，与甜椒、猕猴桃搭配，口感酸酸甜甜，清晨喝一杯，浑身上下充满了力量。

做法

1　甜椒洗净，对半切开，去蒂、去子，切成小块待用。

2　猕猴桃洗净，切去两头，去掉果皮，切成小块待用。

3　菠菜洗净，去除根部，择掉黄叶，切成段待用。

4　将处理好的菠菜放入沸水中，氽烫1分钟，捞出，沥干水分待用。

5　将甜椒块、猕猴桃块、菠菜一起放入榨汁机中。

6　加入少许蜂蜜和80毫升凉白开，搅打均匀即可。

 烹饪秘籍　氽烫菠菜的时间不宜过长，否则维生素会流失，一般建议大火氽烫一两分钟即可。

美容瘦身两不误
西蓝花猕猴桃香蕉汁

🕐 10分钟　🥤 简单

 香甜软滑的香蕉搭配酸甜可口的猕猴桃，再加上口感清脆的西蓝花，这三种食材的组合，简直就是果蔬界的强势联盟。这款果蔬汁富含膳食纤维，可以增加饱腹感，缓解饥饿，还能美容养颜，减肥塑身。

主料

▸ 西蓝花150克　▸ 猕猴桃250克
▸ 香蕉150克

辅料

▸ 蜂蜜少许

做法

1　西蓝花洗净，沿着茎部切成小朵。

2　将处理好的西蓝花放入沸水中，余烫2分钟，捞出，沥干水分待用。

3　猕猴桃洗净，切去两头，去掉果皮，切成小块待用；香蕉去皮，切成小块待用。

烹饪秘籍

西蓝花的硬茎的营养价值也是非常高的，食用时可以将茎部的硬皮去掉，食用里面的嫩心。

4　将西蓝花、猕猴桃、香蕉一起放入榨汁机中。

5　加入少许蜂蜜和100毫升凉白开，搅打均匀即可。

美颜瘦身一举两得
番茄甜橙西芹汁

🕐 5分钟　🥤 简单

 酸甜可口的甜橙，富含维生素，可以增强抵抗力，软化血管。它独特的气味还有舒缓压力、克服紧张情绪的功效；番茄富含番茄红素，可以保护心脑血管，延缓衰老。

主料

▸番茄200克　▸甜橙300克
▸西芹100克

辅料

▸盐2克

（烹饪秘籍）

西芹榨汁后味道有点略苦，可以根据自己的口味适当加入一些甜橙或者蜂蜜进行调味。

做法

1 番茄洗净后去皮、去蒂，切成小块待用。

2 甜橙切成4瓣，去皮、去核待用。

3 西芹洗净后撕去老筋，切成小段待用。

4 将番茄块、甜橙、西芹段一起倒入榨汁机中，加入盐，搅打均匀即可。

喝出粉嫩好气色
胡萝卜生姜柳橙汁

🕐 5分钟　🥤 简单

 生姜辛辣芳香，有驱寒暖胃、增进食欲的功效。加上胡萝卜与柳橙，口感酸酸甜甜，中和了生姜的辛辣，让口感变得更加美妙，特别适合体寒的你。每天喝一杯，让你不用抹腮红也能拥有好气色。

主料

▸ 胡萝卜230克　▸ 生姜5克
▸ 柳橙200克

辅料

▸ 蜂蜜少许

做法

1　胡萝卜洗净，切成小块待用。

2　生姜洗净，去皮，切成片待用。柳橙去皮，去核，切成4瓣待用。

3　将胡萝卜块、生姜片、柳橙瓣一起放入榨汁机中。

4　加入少许蜂蜜和100毫升凉白开，搅打均匀即可。

烹饪秘籍

果蔬汁制作完成后冷藏一下，口感会更好。

增强肌肤抵抗力
胡萝卜苹果橘子汁

🕐 5分钟　🍸 简单

 胡萝卜富含胡萝卜素，可以抗氧化、延缓衰老。苹果富含维生素和锌，能够提高免疫力。胡萝卜、苹果、橘子三种食材组合在一起，具有促进新陈代谢，延缓肌肤老化的食疗功效。

主料

▶ 胡萝卜150克　▶ 苹果200克
▶ 橘子200克

辅料

▶ 蜂蜜少许

如果时间充足，可以将胡萝卜汆烫后再切块榨汁，这样的口感和营养更好。

做法

1　胡萝卜洗净，切成小块待用；苹果洗净，去核，切成小块待用。

2　橘子去皮，剥瓣、去子待用。

3　将胡萝卜、苹果、橘子一起放入榨汁机中。

4　加入少许蜂蜜和80毫升凉白开，搅打均匀即可。

甜菜香橙西柚汁

🕐 5分钟　🥤 简单

主料

▸ 甜菜170克　▸ 香橙150克　▸ 西柚200克

辅料

▸ 香梨250克　▸ 冰块少许

 甜菜富含维生素B$_{12}$和铁，具有活血、补血的食疗功效。搭配香橙与西柚制成果蔬汁，不仅好喝，还能美容养颜，加快肠胃蠕动，清除体内的垃圾，养出好气色。

做法

1 甜菜洗净，去皮、去根，切成小块待用。

2 香橙去皮，去子，切成4瓣待用。

3 西柚去皮，去子，切成小块待用。

4 香梨洗净，去皮，去核，切成小块待用。

5 将甜菜、香橙、西柚、香梨一起放入榨汁机中搅打均匀。

6 将打好的甜菜香橙西柚汁倒入杯中，加入冰块，搅拌均匀即可。

烹饪秘籍　喜欢果蔬汁的水分多一点，口感甜一些的，可以适当增加香梨的用量。

EACH OF US IS

THE

HERO

-OF OUR STORY-

夏日果汁的新喝法
菠萝甜椒香橙汁

🕐 10分钟　🥤 简单

主料

▸ 菠萝180克　▸ 甜椒200克　▸ 香橙200克

辅料

▸ 蜂蜜少许　▸ 盐2茶匙

菠萝含一种叫"菠萝朊酶"的物质，可以清肠解油腻；甜椒中所含的辣椒素能促进新陈代谢，有降脂减肥的功效；再搭配富含维生素C的香橙，此款果蔬汁既能清肠减脂，又能美白肌肤。

做法

1 菠萝洗净，去掉两头，去掉果皮，切成小块。

2 盆中放入菠萝，加入刚刚没过菠萝的水，撒上盐，令菠萝在盐水里浸泡30分钟，捞出沥干待用。

3 甜椒洗净，对半切开，去蒂、去子，切成小块。

4 香橙去皮，去子，切成4瓣待用。

5 将菠萝、甜椒、香橙一起放入榨汁机中。

6 加入少许蜂蜜和80毫升凉白开，搅打均匀即可。

烹饪秘籍　如果嫌菠萝去皮麻烦，可以购买去皮后的菠萝果肉。

明目养颜好滋味
蓝莓苦瓜橙子汁

🕙 10分钟 🥤 简单

主料

▸蓝莓250克 ▸苦瓜50克 ▸橙子200克

辅料

▸蜂蜜少许 ▸盐2汤匙

🍸 想要苦瓜明目解毒、消脂减肥的功效，又不喜欢它的苦味，怎么办？将苦瓜与蓝莓、橙子混搭，中和了苦味，增加了一丝甘甜，可谓是明目、养颜、减脂集于一身的完美果蔬汁。

做法

1 盆中倒入蓝莓，加入刚刚没过蓝莓的水，撒上盐，浸泡10分钟左右，然后用清水洗净待用。

2 苦瓜洗净，去掉根部与头，对半切开，掏出里面的子，轻轻将内壁的白瓤刮除。

3 将处理好的苦瓜切片，撒上少许盐拌匀，静置5分钟，然后用清水洗净。

4 空锅加水，烧开，放入苦瓜片余烫，捞出沥干水待用。

5 橙子去皮，去子，切成4瓣待用。

6 将蓝莓、苦瓜片、橙子一起放入榨汁机中。

7 加入少许蜂蜜和100毫升凉白开，搅打均匀即可。

 烹饪秘籍

1 清洗蓝莓时不要用力搓，以免破坏其表面的白色果粉。
2 刮除苦瓜内壁的白瓤可以减少苦味；撒盐腌渍也可以减轻苦瓜的苦味。

消肿减脂不怕胖
南瓜橘子汁

🕐 10分钟　🥤 简单

 南瓜富含果胶，可以保护肠胃黏膜，帮助消化；橘子富含维生素C与柠檬酸，能美容养颜，消除疲劳。开心的下午茶时光，来一杯南瓜橘子汁，香甜细腻，消肿减脂，怎么喝都不怕变胖。

主料

▶ 南瓜200克　▶ 橘子200克

辅料

▶ 蜂蜜少许

做法

1 南瓜洗净，去皮，去子，切成小块待用。

2 将处理好的南瓜放入沸水中，余烫两三分钟，捞出，沥干水分待用。

3 橘子去皮，剥瓣、去子待用。

烹饪秘籍

橘子榨汁后会有一些细的果渣，想要口感细腻一些，可以用滤网过滤掉果渣。

4 将南瓜、橘子一起放入榨汁机中。

5 加入少许蜂蜜和100毫升凉白开，搅打均匀即可。

暖身暖心
红枣生姜橘子汁

🕐 5分钟　🥃 简单

红枣富含维生素和氨基酸，是天然的美容食品，可以补中益气、养血安神、抗衰老。红枣和生姜这对老搭档，搭配甜美的橘肉，调出新的口感体验。一口下去，甜而不腻，清新可口，让你从此爱上它。

主料

▸ 红枣65克　▸ 生姜3克
▸ 橘子300克

辅料

▸ 蜂蜜少许

做法

（烹饪秘籍）

红枣、生姜、橘子搅打后果渣较多，过滤后的口感会更好。

1 红枣洗净，切成两半，去核待用；生姜洗净，去皮，切片待用。

2 橘子去皮，剥瓣、去子待用。

3 将红枣、生姜、橘子一起放入榨汁机中。

4 加入少许蜂蜜和100毫升凉白开，搅打均匀。

5 将搅打好的果蔬汁用滤网过滤即可。

圆白菜柠檬橘子汁

🕐 8分钟　🍸 简单

主料

▶ 圆白菜150克　▶ 柠檬40克　▶ 橘子200克

辅料

▶ 蜂蜜少许　▶ 冰块少许

 圆白菜富含维生素C，有美白抗氧化的功效；柠檬的维生素含量也非常丰富，可以促进皮肤的新陈代谢，延缓衰老。每天来一杯圆白菜柠檬橘子汁，令你即使素颜朝天，也一样美美的。

做法

1 圆白菜洗净，切成碎块待用。

2 将处理好的圆白菜放入沸水中，余烫1分钟，捞出，沥干水分待用。

3 将柠檬洗净、切半，用柠檬榨汁器取汁备用。

4 橘子去皮，剥瓣、去子待用。

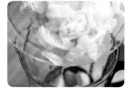

5 将圆白菜、橘子一起放入榨汁机中。

6 加入少许蜂蜜和150毫升凉白开，搅打均匀。

7 将打好的果蔬汁倒入杯中，加入柠檬汁、冰块，搅拌均匀即可。

 烹饪秘籍　清洗圆白菜时要先将外层的菜叶去掉，因为最外层的菜叶最容易有农药残留。

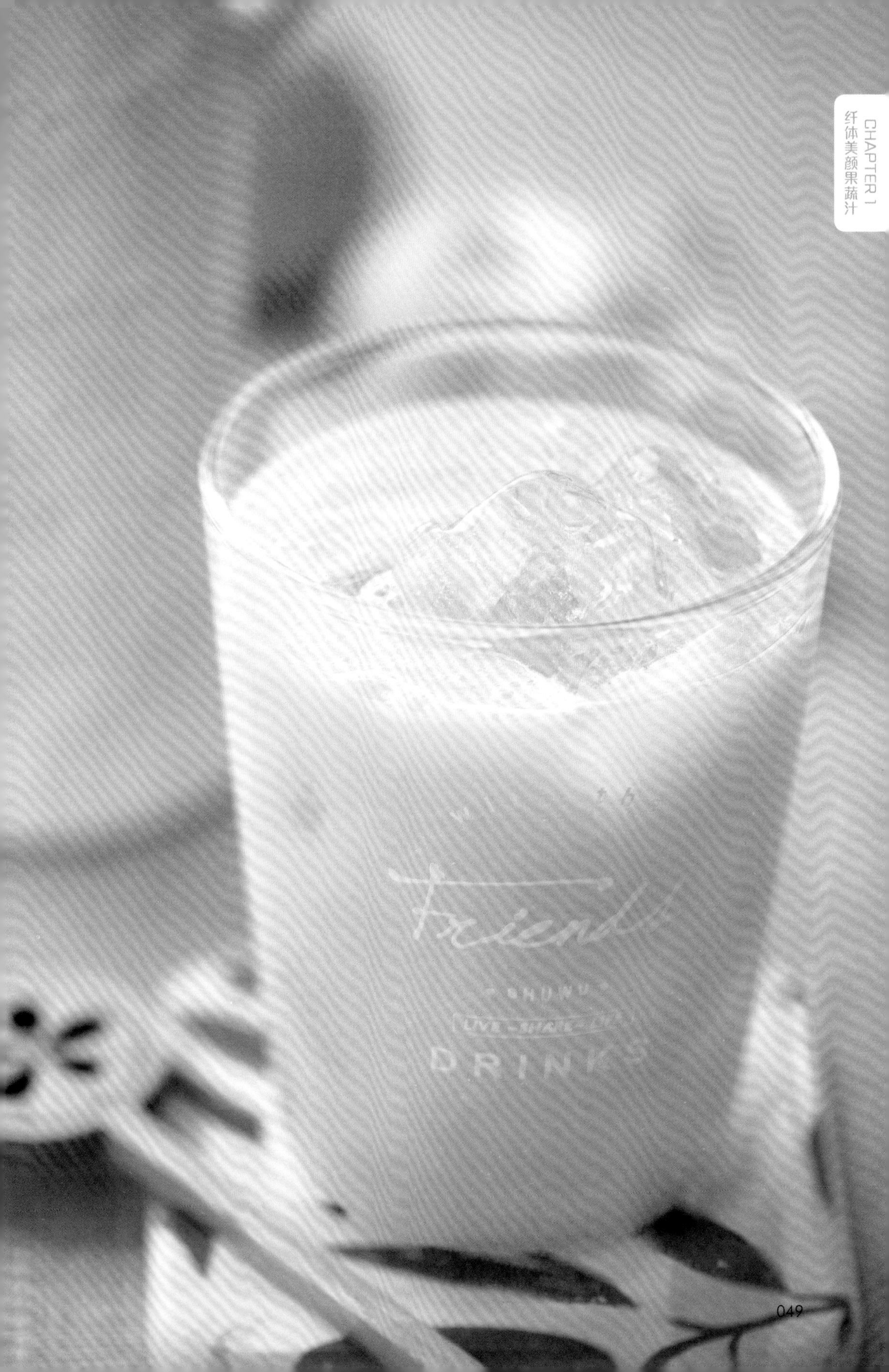

抗氧化的养颜汁
番茄草莓橘子汁

 8分钟　简单

抗氧化少不了草莓与番茄的帮忙。草莓富含维生素C，有延缓衰老和美白的功效；番茄富含番茄红素，这是一种抗氧化物质，可以清除体内自由基。此款果蔬汁酸甜味美，抗衰养颜，很值得一试。

主料

▶ 番茄300克　▶ 草莓240克
▶ 橘子200克

辅料

▶ 蜂蜜少许

做法

1　番茄洗净后去皮、去蒂，切成小块待用。

2　草莓洗净，去蒂，切成两半待用。

3　橘子去皮，剥瓣、去子待用。

烹饪秘籍

草莓需要先在盐水里浸泡2~5分钟，这样能更好地去除表面的残留物。

4　将番茄、草莓、橘子一起放入榨汁机中。

5　加入少许蜂蜜，搅打均匀即可。

恰到好处，甜而不腻
青橘黄瓜梨子汁
⏱ 10分钟　🍸 简单

 青橘富含维生素C和维生素A，能美容养颜，延缓衰老。青橘酸涩微甜，黄瓜清香甘甜，梨子香甜清脆，这三种口味混搭，让果蔬汁不再是寡淡的味道，即使是不爱吃果蔬的人也会喜欢。

主料
▸ 青橘20克　▸ 黄瓜120克
▸ 梨230克

辅料
▸ 蜂蜜少许　▸ 盐2汤匙

（烹饪秘籍）

将青橘浸泡在温盐水中，可以去除青橘表面的残留物。

做法

1　将青橘洗净，放入盆中，加入刚没过青橘的温水，加入盐，令青橘在温盐水中浸泡15分钟。

2　用凉白开将青橘冲洗干净，切成两半，去子待用。

3　黄瓜洗净，去皮，切成小段待用；梨去皮、去核，切成4瓣待用。

4　将青橘、黄瓜、梨一起放入榨汁机中。

5　加入少许蜂蜜和50毫升凉白开，搅打均匀即可。

忽闻一阵芒果香
紫甘蓝芒果雪梨汁

🕙 10分钟　🥤 简单

主料

▶ 紫甘蓝50克　▶ 芒果250克　▶ 雪梨200克

辅料

▶ 蜂蜜少许　▶ 冰块少许　▶ 淡盐水适量

 芒果富含维生素A，有防癌抗癌的食疗功效，它还含有大量的膳食纤维，可以促进排便，预防便秘。搭配紫甘蓝和雪梨，营养满分，酸甜可口，那独有的清香，让人一闻见就想喝一口。

做法

1 将紫甘蓝一片片剥下来，清洗干净，在淡盐水中浸泡15分钟。

2 再将紫甘蓝用清水冲洗干净，切成小块待用。

3 芒果去皮、去核，切成小块待用。

4 雪梨去皮、去核，切成4瓣待用。

5 将紫甘蓝、芒果、雪梨一起放入榨汁机中，加入少许蜂蜜和80毫升凉白开，搅打均匀。

6 将打好的紫甘蓝芒果雪梨汁倒入杯中，加入少许冰块，搅拌均匀即可。

 烹饪秘籍　清洗紫甘蓝的顺序很重要，第一步先清洗；第二步浸泡，去除残留物；第三步切碎。如果先切碎再清洗，会使紫甘蓝中的水溶性营养成分流失。

喝出水光肌肤
胡萝卜圆白菜梨汁

🕐 8分钟　🥤 简单

🍸 梨富含B族维生素，可以保护心脏、降低血压；胡萝卜补肝明目，清热解毒；圆白菜是公认的抗氧化、抗衰老的营养菜。这道果蔬汁味道棒棒的，令人百喝不厌。

主料

▸ 胡萝卜250克　　▸ 圆白菜50克
▸ 梨200克

辅料

▸ 蜂蜜少许

做法

1 胡萝卜洗净，切成小块待用；梨洗净，去皮、去核，切成4瓣待用。

2 圆白菜洗净后切成碎块待用。

3 将处理好的圆白菜放入沸水中，余烫1分钟，捞出，沥干水分待用。

烹饪
秘籍

圆白菜是可以生食的蔬菜，它汆烫的时间不宜过长，一般一两分钟即可，长时间汆烫会导致营养流失。

4 将胡萝卜、圆白菜、梨一起放入榨汁机中。

5 加入少许蜂蜜和100毫升凉白开，搅打均匀即可。

孕妈妈的首选果蔬汁

葡萄柚圆白菜香梨汁

🕐 15分钟　🥄 简单

 葡萄柚和圆白菜都含有天然叶酸，非常适合孕妈妈饮用。香梨富含膳食纤维和维生素，能增进食欲，帮助消化，它含有的B族维生素有保护心脏、降低血压的功效。

主料

▸ 葡萄柚250克　▸ 圆白菜40克
▸ 香梨200克

辅料

▸ 蜂蜜少许

烹饪秘籍

购买香梨时，可以用餐巾纸擦拭表面，看看是否可以擦拭出一层淡淡的红色，如果有，可能是涂有工业蜡，最好不要买。

做法

1 葡萄柚去除果皮，除去白色的筋膜，将果肉掰碎待用；香梨洗净、去皮、去核，切成小块待用。

2 圆白菜洗净后切成碎块待用。

3 将处理好的圆白菜放入沸水中，余烫1分钟，捞出，沥干水分待用。

4 将葡萄柚、圆白菜、香梨一起放入榨汁机中。

5 加入少许蜂蜜和100毫升凉白开，搅打均匀即可。

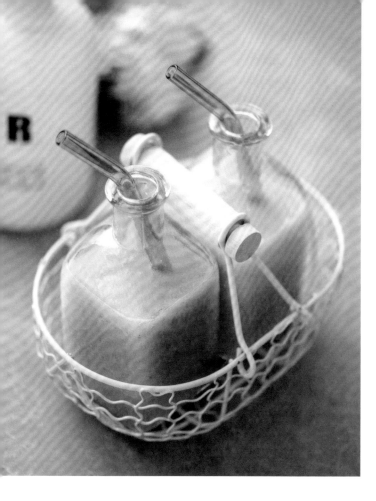

黑提黄瓜梨子汁

 15分钟　简单

黑提含有白藜芦醇，它可以抗氧化、预防衰老、防癌抗癌。黑提的口感爽脆，甜度很高，与梨的味道很搭。再加入清香的黄瓜，对于食欲不振的朋友，这是一杯打开味蕾的餐前饮品，可以清热解暑、养颜护肤，还有减肥、强健体魄的功效。

主料

▸黑提70克　▸黄瓜180克
▸梨200克

辅料

▸冰块少许　▸盐少许

做法

1 先将黑提一颗一颗用剪刀剪下来，放入盆中洗净。

2 在盆中加入刚没过黑提的水，撒上盐，令黑提在淡盐水中浸泡10分钟。

3 黑提洗净，切半，去核待用。

4 黄瓜洗净，去皮，切块待用；梨洗净，去皮、去核，切块待用。

5 将黑提、黄瓜、梨一起放入榨汁机中。

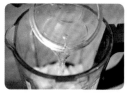

6 加入100毫升凉白开，搅打均匀。

7 将搅打好的黑提黄瓜梨汁倒入杯中，加入少许冰块，搅拌均匀即可。

烹饪秘籍

最好选用新鲜无伤的黑提。如果没有黑提，可以用葡萄代替。

CHAPTER 2

高颜值缤纷
思慕雪

酸甜可口，娇艳欲滴
红心火龙果香蕉思慕雪

🕐 6分钟　🍹 简单

 红色的火龙果与黄色的香蕉相互映衬，色彩尤其漂亮，加入酸酸甜甜的酸奶，使口感层次更加分明。在餐后来一杯，可以加快肠道蠕动，有排毒养颜、促进消化的功效。

主料

▸香蕉1根　▸红心火龙果150克

辅料

▸酸奶200毫升

做法

1 香蕉去皮，切成薄片，留下5~10片待用，剩下的放入榨汁机中。

2 准备一个透明的玻璃杯，将香蕉片贴在杯内，用手指轻轻按紧，以免下滑。

3 红心火龙果切去两端，去掉果皮，切成小块，留下5~8块用作装饰，剩下的放入榨汁机中。

4 将酸奶倒入榨汁机中，与红心火龙果、香蕉一起搅打均匀。

5 将搅打好的红心火龙果香蕉奶昔倒入杯中，倒至八分满。

6 最后在杯子顶层撒上火龙果块装饰即可。

烹饪秘籍

在挑选红心火龙果时，应挑选色泽鲜艳、分量重的。颜色越鲜艳，说明火龙果越成熟，味道会比较甜；重量越重，说明果肉越丰满，果汁较多。

好吃好看，营养足

芒果香橙思慕雪

🕐 8分钟　🥛 简单

🍸 细嫩多汁的芒果，搭配甜美清新的香橙、醇厚香浓的酸奶，口感层次分明，层层递进，瞬间就能唤醒你挑剔的味蕾。好看、好吃之余，营养还特别丰富，既能清肠排毒，还能增强免疫力，促进消化。

主料

▸ 芒果200克　▸ 香橙150克

辅料

▸ 酸奶200毫升　▸ 薄荷叶2片

（烹饪秘籍）

用来制作思慕雪的酸奶应挑选原味、黏稠度高的酸奶。

做法

1 香橙洗净，切下五六片待用，剩下的去皮，切成小块，放入榨汁机中。

2 准备一个透明的玻璃杯，将香橙片贴在杯内，用手指轻轻按紧，以免下滑。

3 芒果洗净，去皮、去核，切成小块，留六七块待用，剩下的放入榨汁机中。

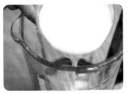

4 将酸奶倒入榨汁机中，与香橙、芒果一起搅拌均匀。

5 把搅打好的香橙芒果奶昔倒入玻璃杯中。

6 最后在杯顶放上剩下的芒果块，加上薄荷叶点缀装饰即可。

美白养颜，双重功效
番茄黑提思慕雪

🕐 15分钟　🥛 简单

主料

▸ 樱桃番茄150克　▸ 黑提70克

辅料

▸ 酸奶200毫升　▸ 混合坚果少许　▸ 盐1茶匙

 黑提与樱桃番茄都是酸甜可口、味道甘甜的食材，搭配酸奶，一道简单易做、果味缤纷的思慕雪就完成了。水果和酸奶的结合也超级健康，能让你轻松摄取多种营养。

做法

1 樱桃番茄洗净，去蒂；在盆中加入刚没过番茄的水，撒上1/2茶匙盐，将樱桃番茄浸泡10分钟，用清水洗净。

2 将黑提剪下，放入碗中，加入没过黑提的水，撒上剩余盐，浸泡10分钟，用清水冲洗干净。

3 将樱桃番茄切成两半，留五六个待用，剩下的放入榨汁机中。

4 将酸奶倒入榨汁机中，与樱桃番茄一起搅打均匀。

5 准备一个空碗，倒入搅打好的樱桃番茄奶昔。

6 将剩余的樱桃番茄贴着碗边缘摆半圈。

7 取少许混合坚果铺在樱桃番茄的旁边。

8 将洗净的黑提切成丁，铺在混合坚果旁即可。

> 烹饪秘籍　黑提属于比较难清洗的水果，在清洗时，先用淡盐水浸泡，再用清水多清洗几遍，就可以放心食用了。

一口西瓜，清凉一夏
西瓜酸奶思慕雪

⏱ 25分钟　🥤 简单

主料

▸ 西瓜350克　▸ 酸奶100毫升

辅料

▸ 薄荷叶2片　▸ 吉利丁片4片

 没有西瓜的夏天肯定是不完整的夏天。西瓜是夏季清热解暑的好帮手，用它来制作成果冻，搭配酸奶，味道非常棒，既调和了西瓜的甜味，又有果冻的弹牙口感，真是美味又营养。

做法

1 西瓜洗净，去子，切成小块。

2 将西瓜块放入榨汁机中，搅打成西瓜汁。

3 把西瓜汁用滤网过滤，去掉果渣。

4 取空碗，放入吉利丁片，加入刚刚没过吉利丁片的冷水，浸泡5~10分钟至软化。

5 将软化后的吉利丁片沥干水，倒入空碗中，隔水加热，搅拌，让它化成液体。

6 把加热成液体的吉利丁片与西瓜汁倒入碗中，充分搅拌均匀。

7 把搅拌好的西瓜汁倒在玻璃杯中，倒八分满，放入冰箱冷藏4小时。

8 最后倒入酸奶，放上薄荷叶装饰即可。

 烹饪秘籍　吉利丁片隔水加热融化时，不能过热，否则会影响吉利丁的凝固能力。吉利丁在40℃~50℃的温水里就能完全化开。除了隔水加热之外，还可以将吉利丁片放在微波炉里加热10~20秒，即可融化。

缓解疲劳，一身轻松
菠萝黄桃思慕雪

🕐 8分钟　🍸 简单

主料

▸ 菠萝200克　▸ 黄桃250克

辅料

▸ 冰砖2块　▸ 即食燕麦少量

 如果哪天你的食欲不好，不妨来试一试这款菠萝黄桃思慕雪吧。菠萝能够提升食欲，再加上黄桃香甜的味道，简直让人欲罢不能。它们都含有丰富的维生素和果糖，可以帮助你缓解一天的疲劳。

做法

1 菠萝洗净，去掉两头，去掉果皮，切成小块，放入榨汁机中。

2 黄桃洗净，去皮、去核，切成小块，留8~10块待用，剩下的放入榨汁机中。

3 将冰砖放入榨汁机中，与菠萝、黄桃一起搅打均匀。

4 准备一个透明的玻璃碗，倒入搅打好的菠萝黄桃冰沙。

5 取少量的燕麦在菠萝黄桃冰沙上撒薄薄的一层。

6 最后在燕麦上面摆上黄桃块即可。

烹饪秘籍　如果购买不到冰砖，也可以用其他冰激凌代替，但最好用原味冰激凌。

简单快手又营养
百香果胡萝卜思慕雪

⏱ 6分钟　🥄 简单

主料

▸ 百香果50克　▸ 胡萝卜180克

辅料

▸ 嫩豆腐100克　▸ 蜂蜜少许　▸ 椰子片少许

想吃一顿美味又营养的正餐，但是又不喜欢煎炒烹炸的繁琐过程，不如来一个快手的百香果胡萝卜思慕雪吧，既能饱腹，又不易长胖，还能提高免疫力、抵抗自由基，延缓衰老。

做法

1 百香果洗净，对半切开，取出果肉，倒入玻璃杯底，均匀铺开。

2 胡萝卜洗净，切成小块，倒入榨汁机中。

3 嫩豆腐洗净，用厨房纸吸干水分。

4 把嫩豆腐、蜂蜜依次放入榨汁机中，与胡萝卜一起搅打均匀。

5 把搅打好的胡萝卜豆腐倒入玻璃杯中。

6 最后撒上少许椰子片点缀装饰即可。

烹饪秘籍　如果时间充足，也可以把豆腐在沸水中焯一下，口感会更好。

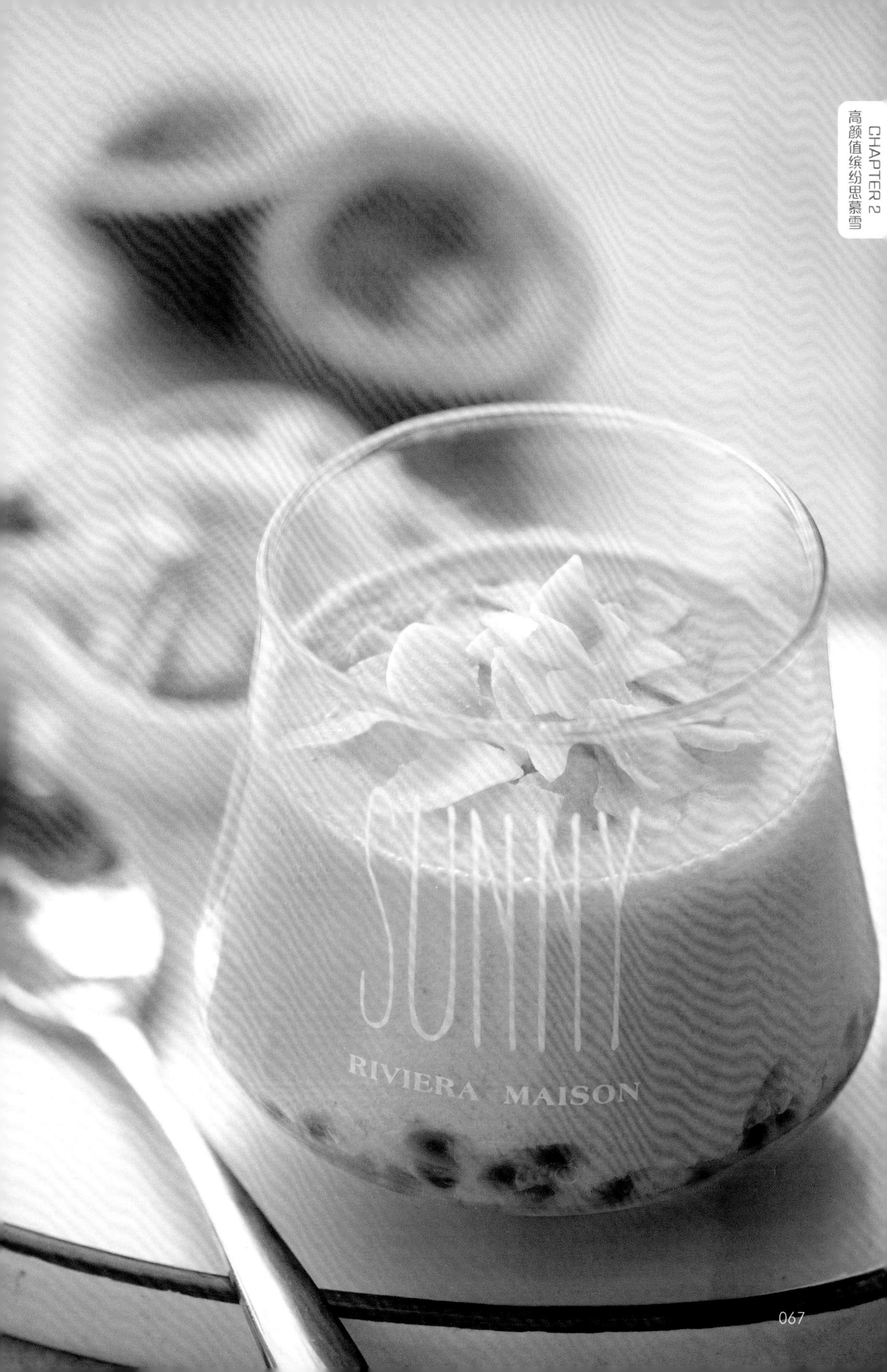
SUNNY
RIVIERA MAISON

木瓜的爱
西柚木瓜思慕雪

🕐 10分钟　🍸 简单

主料

▸ 西柚150克　▸ 木瓜250克

辅料

▸ 椰奶200毫升　▸ 百奇饼干2根

 木瓜柔软香甜，与西柚搭配，中和了木瓜的甜味，使口感变得更加丰富，还能美容养颜，帮助肠胃消化，起到瘦身的功效。

做法

1 西柚洗净、去皮，切两片待用，剩余的剥出果肉，倒入榨汁机中。

2 准备一个透明的玻璃杯，将西柚片贴在杯内，用手指轻轻按紧，以免下滑。

3 木瓜洗净，去皮、去子，切成小块，放入榨汁机中。

4 将椰奶倒入榨汁机中，与西柚、木瓜一起搅打均匀。

5 将搅打好的西柚木瓜椰奶倒入杯中，插上百奇饼干即可。

 烹饪秘籍　挑选木瓜时要选择深黄色的，这样的木瓜较熟、较甜，还可以通过闻味道来判断，味道比较清香的木瓜说明已经成熟，没有味道的木瓜一般还没有熟，发臭的木瓜不要购买，说明内部的果肉已经腐烂。

低卡饱腹营养多
橘子哈密瓜思慕雪

🕐 25分钟　🍸 简单

主料

▸ 橘子150克　▸ 哈密瓜200克

辅料

▸ 养乐多1瓶　▸ 酸奶50毫升

 酸甜的橘子搭配香甜的哈密瓜制作而成的思慕雪，香甜中带有微微的酸，满满的维生素C可以增强皮肤弹性，又能消除身体疲劳，午餐时来一杯，低卡又饱腹。

做法

1 哈密瓜洗净，去皮、去子，切小块，放入冰箱中冷冻4小时。

2 将冷冻好的哈密瓜和养乐多一起放入榨汁机中，搅打均匀。

3 将搅打好的哈密瓜养乐多倒在玻璃杯中，至八分满。

4 然后将酸奶淋在上面。

5 橘子去皮，剥瓣，放入碗中，用工具捣碎。

6 将捣出的橘子汁淋在酸奶上面即可。

 烹饪秘籍　哈密瓜如何快速去皮：将哈密瓜洗净，对半切开，去除里面的瓜瓤，再把哈密瓜切成多瓣，用水果刀沿着瓜皮，将瓜皮与瓜肉分开。

黄苹果香蕉思慕雪

🕐 25分钟　🥤 简单

 炎热的夏季，只有冰爽可口的甜品才能慰藉吃货的空虚，酸酸甜甜的苹果搭配清香味美的香蕉，下午悠闲的时光来一杯这样冰冰凉凉的思慕雪，让你瞬间充满活力。

主料

▸ 黄苹果200克　▸ 香蕉200克

辅料

▸ 牛奶150毫升

做法

1 香蕉去皮，切成薄片，留5~10片待用，剩下的放入冰箱冷冻4小时。

2 准备一个透明的玻璃杯，将香蕉片贴在杯内，用手指轻轻按紧，以免下滑。

3 黄苹果洗净、去皮、去核，切成小块，留6~8块待用，剩下的放入冰箱冷冻4小时。

烹饪秘籍

如果购买不到黄苹果，也可以用其他品种的苹果代替。制作前要将苹果皮去掉，这样制作出来的思慕雪口感会更好。

4 冷冻完后，将香蕉、黄苹果放入榨汁机中，加入牛奶，搅打均匀。

5 将搅打好的黄苹果香蕉奶昔倒入杯中即可。

口感独特，营养丰富
黑莓草莓思慕雪

🕐 25分钟　🥤 简单

由黑莓、草莓、牛奶制作而成的思慕雪，口感非常独特，它有水果的清甜和牛奶的香醇，是餐前饭后的极佳甜品。它含有丰富的营养，可保护肠胃、美白肌肤。

主料

▸黑莓60克　▸草莓150克

辅料

▸盒装纯牛奶350毫升　▸蜂蜜少量

烹饪秘籍

在清洗黑莓时，先将黑莓用流动的清水冲洗净，再加入没过黑莓的清水，撒入少量盐，让黑莓在淡盐水里浸泡10分钟，最后用凉白开冲洗净。这样可有效去除黑莓表面残留的污物。

做法

1 将250毫升的牛奶放入冰箱冷冻3小时。

2 把冷冻后的牛奶冰块倒入榨汁机中，加入少量蜂蜜，搅打成冰沙。

3 准备一个玻璃碗，将搅打好的牛奶冰沙倒入碗中。

4 黑莓洗净，倒入榨汁机中；草莓洗净、去蒂，倒入榨汁机中。

5 将100毫升的牛奶倒入榨汁机中，与黑莓、草莓一起搅打均匀。

6 将搅打好的黑莓草莓牛奶慢慢淋在牛奶冰沙上即可。

瘦身一族的减脂秘方

无花果树莓思慕雪

🕙 10分钟　🥤 简单

主料

▸ 无花果80克　▸ 树莓200克

辅料

▸ 酸奶50毫升　▸ 蜂蜜少许

 无花果味道甘甜，树莓酸甜多汁，酸奶醇厚酸甜，口味层层递进。早餐时用它来搭配面包，既美味又营养。这道果汁富含维生素和氨基酸，可以消除疲劳，增强抵抗力，还能轻身消脂，起到减肥的效果。

做法

1 无花果洗净，切成薄片，留下3~5片待用，剩下的放入榨汁机中。

2 准备一个透明的玻璃杯，将无花果片贴在杯内，用手指轻轻按紧。

3 树莓洗净，留下6颗用作装饰，其余的放入榨汁机中。

4 将榨汁机中加入蜂蜜，与无花果、树莓一起搅打均匀。

5 将搅打完成的果汁倒在玻璃杯中，倒至八分满。

6 在上面淋酸奶。

7 最后放上树莓点缀装饰即可。

 烹饪秘籍　如果购买不到新鲜的树莓，也可以购买冷冻的树莓。

夏日的消暑甜点
树莓番茄思慕雪

🕐 25分钟　🍹 简单

主料
▶ 树莓100克　▶ 樱桃番茄100克

辅料
▶ 酸奶150毫升　▶ 百奇饼干2根　▶ 盐2茶匙

炎热的夏天总感觉食欲不振，来杯树莓番茄思慕雪吧。酸奶滑过喉咙，树莓与番茄在舌尖慢慢融化，真是凉爽美味啊。在享受美味的同时还能健胃消食、美容护肤，赶快做起来吧！

做法

1 树莓洗净，放入冰箱冷冻4小时。

2 樱桃番茄洗净，去蒂。在盆中加入刚没过番茄的水，撒上盐，放入樱桃番茄浸泡10分钟，用清水洗净。

3 将洗净的樱桃番茄放入冰箱，冷冻4小时。

4 把冷冻好的树莓与樱桃番茄放入榨汁机中，搅打成冰沙。

5 准备一个透明的玻璃杯，倒入树莓番茄冰沙，倒八分满。

6 在冰沙上淋酸奶，拿筷子在杯子中间轻轻打圈搅拌两下，让酸奶与冰沙融合成渐变色。

7 最后把百奇饼干插入酸奶中点缀装饰。

> 烹饪秘籍　用筷子搅拌调和冰沙颜色时，不要搅动杯子底部的冰沙。这样出现的颜色是由纯色再到渐变色，非常有层次感。

保护眼睛的小帮手
蓝莓酸奶果仁思慕雪

🕐 7分钟　🍴 简单

主料

▸蓝莓120克　▸酸奶350毫升　▸混合干果少量

辅料

▸蜂蜜少许

 下午茶的悠闲时光，来一杯酸甜可口的蓝莓酸奶果仁思慕雪，让丰富的花青素保护你的眼睛，混合干果可增加你的饱腹感，低卡营养，味道好，特别适合爱美的你。

做法

1 蓝莓洗净，留出10颗待用，剩下的倒入榨汁机中。

2 将250毫升酸奶倒入榨汁机中，加入少许蜂蜜，与蓝莓一起搅打均匀。

3 准备一个玻璃杯，将搅打好蓝莓酸奶倒入玻璃杯中，至八分满。

4 将100毫升酸奶均匀淋在搅打好的蓝莓奶昔上面。

5 取少量混合干果撒在酸奶上面。

6 最后放上蓝莓点缀装饰即可。

烹饪秘籍　在挑选蓝莓时应选择深紫色的，颜色较深的蓝莓比较成熟，口感更好一些。蓝莓放置时间久了，会有腐烂小坑，挑选时应注意，这样的蓝莓不新鲜。

颜值担当
莓果甜菜思慕雪

⏱ 7分钟　🥤 简单

主料

▶ 黑莓80克　▶ 甜菜80克

辅料

▶ 酸奶250毫升　▶ 椰子片少许　▶ 蜂蜜少许

 甜菜与蓝莓的搭配实在是太好看了，淡淡的紫色充满了浪漫，绝对是颜值担当。午餐时间来一杯，低卡又饱腹，经常食用既可保护眼睛、增强抵抗力，又能软化血管、防止血栓。

做法

1 甜菜洗净、去皮，切成小块，放入榨汁机中。

2 黑莓洗净，留下6~8颗待用，剩下的放入榨汁机中。

3 将酸奶倒入榨汁机中，加入少许蜂蜜，与甜菜、黑莓一起搅打均匀。

4 准备一个透明玻璃杯，将搅打好的甜菜黑莓奶昔倒入玻璃杯中。

5 在奶昔上面撒上少许椰子片。

6 最后加入剩余的黑莓点缀装饰即可。

 烹饪秘籍　甜菜的皮较厚，去皮时可以削厚一些。

美容养颜的食疗餐
草莓红提燕麦思慕雪

🕐 18分钟 🥛 简单

 香甜的燕麦含有丰富的矿物质，与草莓和红提搭配，酸酸甜甜，非常可口，再加上酸奶，让口感升级，层次丰富，不仅美味，更能缓解疲劳，还是美容养颜的食疗餐。

主料

▸ 草莓200克　▸ 红提50克
▸ 即食燕麦片15克

辅料

▸ 酸奶200毫升

做法

1 草莓洗净，去蒂，切片，留下5~8片待用，剩下的放入榨汁机中。

2 准备一个透明的玻璃杯，将草莓片贴在杯内底部，用手指轻轻按紧。

3 把酸奶倒入榨汁机中，与草莓一起搅打均匀。

烹饪秘籍

清洗红提时，先将红提用剪刀一颗一颗剪下来放入盆中，再倒入少许面粉，加入刚没过红提的水，来回搓洗，这样更能有效地将红提表皮的农药及残留物清洗干净。

4 把搅打完的草莓奶昔倒在玻璃杯中，至九分满。

5 将燕麦撒在草莓酸奶上面。

6 红提洗净，放在燕麦上面装饰即可。

口感升级新体验
南瓜坚果思慕雪
🕐 10分钟　🥤 简单

 南瓜口感绵糯香甜，把它与酸奶搭配做成思慕雪，又是另一种口感体验。再搭配醇香的坚果，是一款营养丰富的晚间代餐，既可以保护肠胃、促进消化，又能润泽肌肤、抵抗衰老。

主料

‣ 南瓜300克　‣ 混合坚果少许

辅料

‣ 酸奶200毫升

做法

烹饪秘籍

喜欢口味偏甜一些的，也可以在南瓜酸奶中加入少许蜂蜜提味。

1　南瓜洗净，去皮，切成小块待用。

2　将处理好的南瓜放入沸水，余烫两三分钟，捞出，沥干水分待用。

3　将沥干水的南瓜倒入榨汁机中，加入酸奶，一起搅打均匀。

4　准备一个透明的玻璃杯，将搅打好的南瓜奶昔倒入杯中。

5　最后在南瓜上面撒少量混合坚果即可。

養生系的代表
紫薯山药燕麦思慕雪

🕐 7分钟　🍸 简单

 紫薯和山药都是养生系的代表，不仅可以降低血糖、促进消化，还可以延缓衰老、增强免疫力。早餐时用燕麦作为代餐再合适不过了。

主料

▸ 紫薯200克　▸ 山药100克
▸ 酸奶200毫升

辅料

▸ 即食燕麦片少许

做法

1 紫薯洗净、去皮，切成四五大块待用。

2 山药洗净、去皮，切成两三段待用。

3 将山药、紫薯一起放到蒸锅中，蒸15分钟左右起锅。

烹饪秘籍

山药削皮时容易引起手部过敏症状，最好戴上手套或用保鲜膜衬垫一下。

4 把山药、紫薯、酸奶依次放入榨汁机中，搅打均匀。

5 准备一个透明玻璃杯，将搅打好的山药紫薯奶昔倒入玻璃杯中。

6 最后将燕麦片撒在上面即可。

一杯搞定一顿饭
紫薯玉米思慕雪

🕐 25分钟　🍸简单

🍸 紫薯香甜软糯，颜色非常好看，还含有丰富的花青素和矿物质，可以保护眼睛、抵抗疲劳。早餐时用来搭配酸奶与玉米，简单又营养，一杯就能搞定一顿饭，省时省力又省心。

主料

▸ 紫薯250克　▸ 即食玉米粒50克
▸ 酸奶200毫升

辅料

▸ 椰奶20毫升
▸ 水果混合坚果少许

（烹饪秘籍）

挑选紫薯时，应选择表皮光滑、颜色鲜艳的，这样的紫薯会比较新鲜，另外发芽的紫薯也不要购买，这种紫薯口感较差。

做法

1 紫薯洗净、去皮，切成四五大块待用。

2 将紫薯放到蒸锅中，蒸15分钟左右。

3 将蒸熟的紫薯倒入榨汁机中，加入椰奶，搅打均匀。

4 取空盘，将搅打好的紫薯放到盘上，用手或工具整理成碗状。

5 把酸奶均匀淋在紫薯上面。

6 最后撒上水果混合坚果与玉米粒即可。

颜值营养一样高
炫彩甘蓝思慕雪

⏱ 10分钟　🥤 简单

 紫甘蓝不仅色彩好看，而且营养丰富，用它来制作思慕雪是非常不错的选择。它没有青菜的生味，混合在酸奶和草莓之间也毫无违和感。早餐时用来搭配面包，满满的都是营养，经常食用更有预防感冒、抵抗衰老的功效。

主料

▸ 紫甘蓝150克　▸ 酸奶200毫升

辅料

▸ 草莓50克　▸ 树莓30克
▸ 水果混合坚果少许

做法

1 紫甘蓝洗净，切成小块，放入榨汁机中。

2 酸奶放入榨汁机，与紫甘蓝一起搅打均匀。

3 取空碗，将搅打完成的紫甘蓝奶昔倒入碗中。

烹饪秘籍

如果时间充裕，也可以将紫甘蓝尔烫断生后再与酸奶一起搅打。

4 将少量的水果混合坚果倒在碗的一边。

5 草莓洗净，去蒂，切成两半；树莓洗净待用。

6 将草莓与树莓一起放在碗上点缀装饰即可。

绿色能量补充剂
牛油果菠菜思慕雪

🕐 15分钟 　🥛 简单

 这款绿色的思慕雪看上去生机
勃勃，是你开启新的一天的最
佳选择。牛油果那细腻柔滑的
口感和那独特清香，与菠菜和
酸奶混搭，既能保护血管、美
容养颜，又能改善便秘，给你
一整天注入满满的能量。

主料

▸ 牛油果200克　▸ 菠菜100克
▸ 酸奶200毫升

辅料

▸ 水果混合坚果少许

烹饪
秘籍

如果牛油果的外皮是
墨绿色的，代表它还
没有成熟，常温下放
置到变黑、变软就可
以食用了，一般需要
四五天。把没有熟的
牛油果和熟透的苹果
或香蕉放在一起，可
以加速成熟。

做法

1 牛油果切两半，去
核、去皮，切成小块，
放入榨汁机中。

2 菠菜洗净，去除根
部，择掉黄叶，切成段
待用。

3 将处理好的菠菜放入
沸水中，余烫1分钟，捞
出，沥干水分待用。

4 将菠菜倒入榨汁机
中，加入酸奶，与牛油
果一起搅打均匀。

5 取空碗，将搅打完成
的牛油果菠菜奶昔倒入
碗中。

6 最后撒上少量水果混
合坚果即可。

打破常规的搭配
猕猴桃燕麦思慕雪

🕐 10分钟　🥤 简单

🍸 减肥期间不知道吃什么好？来杯猕猴桃五谷思慕雪吧，低卡美味，营养丰富，每天午餐来一杯，可以排毒清肠、健康养颜，是减肥期间的最佳选择。

主料

▸猕猴桃250克　▸酸奶200毫升
▸即食燕麦片10克

辅料

▸即食奇亚子少许

做法

1 猕猴桃洗净，切去两头，去掉果皮，切4片待用，把剩下的切成小块，倒入榨汁机中。

2 准备一个透明的玻璃杯，将猕猴桃片贴在杯内，用手指轻轻按紧，以免下滑。

3 将酸奶倒入榨汁机中，与猕猴桃一起搅打均匀。

4 将搅打完成的猕猴桃奶昔倒入杯中。

5 最后撒上少量奇亚子与燕麦片即可。

烹饪秘籍

在挑选猕猴桃时，应选择外观饱满、颜色均匀、皮呈黄褐色、有光泽度的猕猴桃，这样的猕猴桃比较新鲜。

大鱼大肉之后的消脂饮品
生菜苹果思慕雪

🕐 5分钟　　🍹 简单

 大鱼大肉之后，你需要来一道清肠饮品，这道生菜苹果思慕雪就是不错的选择哦。它的味道酸酸甜甜，清新可口，富含维生素和膳食纤维，做法简单快捷，每天来一杯，能够轻身消脂、排毒养颜。

主料

▸ 生菜130克　　▸ 苹果70克

辅料

▸ 酸奶200毫升　　▸ 蜂蜜少许
▸ 百奇饼干2根

烹饪
秘籍

苹果去皮后搅打成汁，口感会更细腻一些，但是果皮的营养也非常丰富。如果时间充裕，也可以带皮搅打，最后用滤网过滤一下。

做法

1 生菜去根，洗净，切成小段，放入榨汁机中。

2 苹果洗净，去皮，去核，切成小块，放入榨汁机中。

3 将酸奶倒入榨汁机中，加入少许蜂蜜，与生菜和苹果一起搅打均匀。

4 准备一个透明的玻璃杯，将搅打好的生菜苹果奶昔倒入杯中。

5 最后把百奇饼干插上点缀装饰即可。

唤醒春日的美好
西蓝花椰奶思慕雪

⏱ 10分钟 🍸 简单

主料
▸ 西蓝花150克 ▸ 椰奶40毫升

辅料
▸ 牛油果100克 ▸ 蜂蜜少许 ▸ 即食奇亚子少许

慵懒的早晨，来一杯春意盎然的思慕雪吧，让这杯绿色的能量饮品带给你一整天满满的元气。西蓝花富含维生素和膳食纤维，能使皮肤水润有弹性，还能促进肌肉生长，令你活力十足。

做法

1 西蓝花洗净，沿着茎部切成小朵。

2 将处理好的西蓝花放入沸水中，余烫2分钟，捞出，沥干水分待用。

3 西蓝花留下四五小朵待用，其余的放入榨汁机中。

4 牛油果切两半，去核、去皮，切成小块，放入榨汁机中。

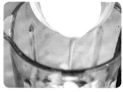

5 将椰奶倒入榨汁机中，加入少量蜂蜜，与西蓝花和牛油果搅打均匀。

6 准备一个透明的玻璃杯，将搅打好的西蓝花牛油果椰奶倒入杯中。

7 最后在上面撒上少许奇亚子，放上剩余的西蓝花点缀装饰即可。

烹饪秘籍　西蓝花汆烫的时间不宜过长，一两分钟即可，否则会破坏它的营养。

清新解腻又美味
小白菜蜜桃思慕雪

🕐 12分钟　🥤 简单

主料

▸ 小白菜150克　▸ 水蜜桃120克　▸ 酸奶250毫升

辅料

▸ 蜂蜜少许　▸ 即食燕麦片少许　▸ 蛋卷饼干2根

夏天到了，看看自己身上暴露出来的赘肉，好发愁！迈不开腿又管不住嘴怎么办？不如来杯小白菜蜜桃思慕雪吧。富含膳食纤维的小白菜可助你排出肠道毒素，富含维生素的水蜜桃能滋养你的皮肤，一杯低卡饮品，让你轻松减脂。

做法

1 小白菜洗净、去根，切去茎部，留下白菜叶。

2 将处理好的小白菜放入沸水中，余烫1分钟，捞出，沥干水分待用。

3 将150毫升酸奶倒入榨汁机中，加入少许蜂蜜，与小白菜叶一起搅打均匀。

4 准备一个透明的玻璃杯，将搅打好的小白菜奶昔倒入杯中。

5 水蜜桃洗净，去皮、去核，切成小块，放入榨汁机中。

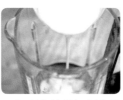

6 把剩余的酸奶倒入榨汁机中，与水蜜桃一起搅打均匀。

7 将搅打好的水蜜桃奶昔倒在小白菜奶昔上面。

8 最后撒上少量燕麦片，插上蛋卷饼干即可。

> 烹饪秘籍　将小白菜氽烫，不但可以去除菜叶上的农药残留物，还可以去除白菜中的草酸，提升口感。

LIVING IN
SNOW COUNTRY

提神醒脑，解除疲劳
香梨黄瓜思慕雪

🕐 7分钟　🥤 简单

 黄瓜清新爽口，香梨甜美多汁。工作之余来一杯，扑鼻而来的黄瓜清香为你提神醒脑，缓解加班的疲劳。这杯饮品还含有膳食纤维和B族维生素，能扫除体内垃圾，为努力工作的你加油打气。

主料

▸ 香梨150克　▸ 黄瓜80克
▸ 酸奶200毫升

辅料

▸ 薄荷叶2片

做法

1 香梨洗净，去皮、去核，切成小块，放入榨汁机中。

2 黄瓜洗净，去头、去根，切成小块，放入榨汁机中。

烹饪秘籍

如果想要口味更加清凉爽口，可以把香梨与黄瓜冷冻4小时再搅打。

3 把酸奶倒入榨汁机中，与香梨和黄瓜一起搅打均匀。

4 将搅打好的香梨黄瓜奶昔倒入杯中，放上薄荷叶装饰即可。

CHAPTER 3

养生滋补
水果茶

清肺养颜滋润茶

木瓜苹果雪梨茶

🕐 10分钟　☕ 简单

主料

▸ 木瓜120克　▸ 苹果160克　▸ 雪梨200克　▸ 红茶包2个

辅料

▸ 蜂蜜少许

不想喝有添加剂的饮料，不如泡一壶健康养生的水果茶吧。香甜的木瓜搭配酸甜的苹果，加上清甜润肺的雪梨，经常食用不仅可以美容养颜，还能清肺排毒，是一杯有格调的饮品哦。

做法

1　木瓜洗净，去皮、去子，切成小块，放入冷饮壶中。

2　苹果洗净，去核，切成小块，放入冷饮壶中。

3　雪梨洗净，去核，切成小块，放入冷饮壶中。

4　煮锅内加入700毫升纯净水，大火烧开后关火。

5　将红茶包放入开水中，提着茶包上的线，上下浸泡10次左右，取出茶包。

6　将红茶水倒入冷饮壶中，盖上盖，闷5~10分钟。

7　待冷饮壶中的果茶晾凉到不烫手，加入少许蜂蜜，搅拌均匀即可。

烹饪秘籍　制作果茶的容器最好选用玻璃制品或搪瓷制品，不能用铁制品，因为水果的果酸和茶里的鞣酸会与铁起化学反应，破坏营养和品相。

瘦身排毒一身轻
肉桂焦糖苹果茶

🕐 15分钟　🥤 简单

主料

▸ 白砂糖20克　▸ 苹果1个

辅料

▸ 肉桂5克　▸ 红茶包2包

 悠闲的下午茶时光，来一杯肉桂焦糖苹果茶吧，它能帮助身体排毒，提高代谢能力，起到瘦身的效果，还能缓解压力，提神醒脑，让你拥有好气色。

做法

1 苹果洗净，去核，切成小块待用。

2 将苹果块与白砂糖一起倒入锅内。

3 开小火将苹果与白砂糖慢慢翻炒，直到把水分炒干，苹果呈现出焦糖色。

4 在锅内加入700毫升纯净水，加入肉桂，大火烧开后关火。

5 将红茶包放入开水中，提着茶包的线，上下浸泡10次左右，取出茶包，搅拌均匀。

6 将煮好的果茶倒入冷饮壶中即可。

 烹饪秘籍　肉桂与桂皮长得相似，购买的时候注意不要买错。

消除疲惫，一身轻松

凤梨苹果西柚茶

⏱ 15分钟　🍸 简单

主料

▶凤梨200克　▶苹果150克　▶西柚130克　▶绿茶包1包

辅料

▶蜂蜜少许

 酸酸甜甜的西柚柔软多汁，搭配甜美多汁的凤梨、清香酸甜的苹果，能够美容养颜，减肥瘦身。再加上绿茶中丰富的茶多酚，可以为你赶走工作的困倦，扫除身体的疲惫，让你满血复活地投入到工作当中。

做法

1 凤梨洗净，去皮，切成小块，放入冷饮壶中。

2 苹果洗净，去核，切成小块，放入冷饮壶中。

3 西柚洗净，切成薄片，放入冷饮壶中。

4 在煮锅内加入700毫升纯净水，大火烧开后关火。

5 将绿茶包放入开水中，提着茶包的线，上下浸泡10次左右，取出茶包，搅拌均匀。

6 将煮好的绿茶水倒入冷饮壶中，盖上盖，闷5~10分钟。

7 将做好的果茶晾凉到不烫手，然后加入少许蜂蜜，搅拌均匀即可。

 烹饪秘籍　最好不要用大火煮炖水果，因为这样会破坏掉水果中的维生素。

保护眼睛，缓解疲劳

蓝莓橙子苹果茶

🕐 15分钟　🥤 简单

主料

▶蓝莓30克　▶橙子150克　▶苹果180克　▶乌龙茶包1包

辅料

▶蜂蜜少许

 酸甜可口的蓝莓，搭配橙子与苹果制作而成的果茶，特别适合饭后来一杯，能开胃消食，还能美容养颜，缓解眼部疲劳，特别适合全家人一起饮用。

做法

1 蓝莓洗净，放入冷饮壶中。

2 橙子洗净，去皮，切成小块，放入冷饮壶中。

3 苹果洗净，切成小块，放入冷饮壶中。

4 煮锅内加入700毫升纯净水，大火烧开后关火。

5 乌龙茶包放入开水中，提着茶包的线，上下浸泡10次左右，取出茶包。

6 将茶水倒入冷饮壶中，盖上盖，闷5~10分钟。

7 将茶水晾凉到不烫手，加入少许蜂蜜，搅拌均匀即可。

 烹饪秘籍　蜂蜜最好用温水冲泡，用太热的水会破坏蜂蜜中的活性酶，降低其营养价值。

果味舌尖上流淌
苹果蜜桃西瓜茶

🕒 15分钟　🥤 简单

主料

▸ 苹果150克　▸ 水蜜桃200克　▸ 西瓜160克
▸ 乌龙茶包1包

辅料

▸ 蜂蜜少许

 蜜桃的香甜给人幸福的感觉，加入酸甜的苹果、清甜的西瓜，获得丰富的口感。长期饮用，既能消除水肿，还能润肠通便、美容养颜。

做法

1 西瓜洗净、去皮，切成小块。

2 将西瓜放入冷饮壶中，用勺或其他工具捣碎出汁。

3 苹果洗净，去核，切成小块，放入冷饮壶中。

4 水蜜桃洗净，去皮、去核，切成小块，放入冷饮壶中。

5 煮锅内加入700毫升纯净水，大火烧开后关火。

6 乌龙茶包放入开水中，提着茶包的线，上下浸泡10次左右，取出茶包。

7 将乌龙茶水倒入冷饮壶中，盖上盖，闷5~10分钟。

8 将茶水晾凉到不烫手，加入少许蜂蜜，搅拌均匀即可。

 烹饪秘籍　茶包最好不要放到滚水中煮，高温会把茶包的酸涩味煮出来。

甜蜜的味道
蜜桃乌龙茶

🕐 15分钟　🍵 简单

主料

▸ 水蜜桃450克　▸ 乌龙茶包2包

辅料

▸ 冰糖80克　▸ 柠檬20克

 香甜的蜜桃衬托出乌龙茶的清爽，带给你全新的味蕾体验。乌龙茶富含茶多酚，能轻身消脂、美容抗衰；水蜜桃富含铁和果胶，可以防治贫血，预防便秘。这是一杯充满浪漫和甜蜜的茶饮。

做法

1　水蜜桃洗净，去皮、去核，切成小块，放入锅中。

2　在锅内加入刚刚没过蜜桃的纯净水，加入冰糖。

3　开小火慢慢拌煮，直到果肉透明、浆汁浓稠，关火。

4　将熬制好的水蜜桃倒入冷饮壶中。

5　柠檬洗净，切成薄片待用。

6　煮锅内加入700毫升纯净水，大火烧开后关火。

7　乌龙茶包放入开水中，提着茶包的线，上下浸泡10次左右，取出茶包。

8　将乌龙茶水倒入冷饮壶中，晾凉到不烫手，放入柠檬片，搅拌均匀即可。

烹饪秘籍　在熬煮水蜜桃的过程中，一定要不停地慢慢搅拌，否则会糊锅。

排毒养颜的待客茶
玫瑰茄蜜桃茶

🕐 15分钟　🍵 简单

主料

▸ 玫瑰茄4朵　▸ 水蜜桃250克　▸ 乌龙茶包1包

辅料

▸ 蜂蜜少许

 微酸的玫瑰茄在蜜桃的点缀下焕发出丰富的口感，这款茶饮酸甜可口，喝下去满满都是幸福感，不仅可以排毒养颜，还能消暑降压，用它作为待客的饮品再适合不过了。

做法

1　水蜜桃洗净，去皮、去核，切成小块，放入冷饮壶中。

2　玫瑰茄用温开水冲洗干净待用。

3　煮锅内加入700毫升纯净水，大火烧开。

4　加入玫瑰茄，小火煮10分钟后关火。

5　将乌龙茶包放入开水中，提着茶包的线，上下浸泡10次左右，取出茶包。

6　将玫瑰茄茶水倒入冷饮壶中，盖上盖，闷5~10分钟。

7　将果茶晾凉到不烫手，加入少许蜂蜜，搅拌均匀即可。

 烹饪秘籍　玫瑰茄的味道偏酸，饮用时可以多加入一些蜂蜜中和一下。

漂亮的活力茶饮
西柚柠檬蜜桃茶

⏱ 15分钟　🍵 简单

主料

▸西柚110克　▸柠檬20克　▸水蜜桃200克　▸乌龙茶包1包

辅料

▸蜂蜜少许

把香气浓郁的乌龙茶作为基底茶，加入酸甜的柠檬、西柚、蜜桃来调味，果香四溢。早上喝一杯，一整天都充满活力。柠檬和西柚富含维生素C，美容养颜，蜜桃可防治贫血、预防便秘。一杯西柚柠檬蜜桃茶，是繁忙工作者的不二选择。

做法

1 西柚洗净，切成薄片，放入冷饮壶中。

2 水蜜桃洗净、去皮，切成小块，放入冷饮壶中。

3 柠檬洗净，切成薄片待用。

4 煮锅内加入700毫升纯净水，大火烧开后关火。

5 将乌龙茶包放入开水中，提着茶包的线，上下浸泡10次左右，取出茶包。

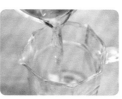

6 将乌龙茶水倒入冷饮壶中，盖上盖，闷5~10分钟。

7 将果茶晾凉到不烫手，加入柠檬片和少许蜂蜜，搅拌均匀即可。

烹饪秘籍　不能用很烫的水冲泡柠檬。最好让水温降下来一点，这样可以减少柠檬中维生素C的损失。

降火解暑好配方
薄荷香橙茶

🕐 15分钟 🥤 简单

主料

▶ 薄荷10克 ▶ 香橙300克 ▶ 绿茶包1包

辅料

▶ 蜂蜜少许 ▶ 青橘50克

香橙清新鲜美，甜蜜多汁，与微微涩口的绿茶特别搭配，再加入清凉的薄荷点缀，好喝又营养，既可清热消暑，还能预防感冒、美容养颜，无论是用热水冲泡，还是作为凉茶饮用，都不失完美的口感。

做法

1 香橙洗净，切成薄片，放入冷饮壶中。

2 青橘洗净，切成两半，先挤汁到冷饮壶中，再把果肉放进去。

3 煮锅内加入700毫升纯净水，大火烧开后关火。

4 将绿茶包放入开水中，提着茶包的线，上下浸泡10次左右，取出茶包。

5 将绿茶水倒入冷饮壶中，盖上盖，闷5~10分钟。

6 把茶水晾凉到不烫手，加入少许蜂蜜，搅拌均匀。

7 将新鲜的薄荷叶揉搓一下，放入冷饮壶中即可。

烹饪秘籍 如果购买不到新鲜的薄荷，也可以用干薄荷叶代替。

预防感冒的暖身茶
香橙红枣茶

🕐 10分钟　🍵 简单

主料

▸ 香橙400克　▸ 红枣30克　▸ 红茶包1包

辅料

▸ 红糖少许

 红枣鲜甜可口，富含维生素C，有补血美颜的食疗功效。它与香橙、红茶搭配制成茶饮，酸中带甜，能够暖身、预防感冒，非常适合全家老少一起饮用。

做法

1　香橙洗净，切成月牙形，先挤汁到冷饮壶中，再把果肉一起放进去。

2　红枣洗净，对半切开，去核，放入煮锅内。

3　在煮锅内加入少许红糖与700毫升纯净水。

4　用大火烧开，将红枣的香气煮出来后关火。

5　将红茶包放入开水中，提着茶包的线，上下浸泡10次左右，取出茶包，搅拌均匀。

6　将煮好的红枣红茶水倒入冷饮壶中，与香橙搅拌均匀即可。

烹饪秘籍　不要在沸水中煮橙子，因为橙子在熬煮的过程中味道散失得比较快。

美味带来好心情
橙子西柚凤梨茶

⏱ 15分钟　🥤 简单

主料

▸ 橙子150克　▸ 西柚300克　▸ 凤梨130克　▸ 红茶包1包

辅料

▸ 蜂蜜少许

天气转凉，泡一杯温润的红茶，再搭配橙子、西柚、凤梨这三种水果，清新的果香味令人心旷神怡，每一口都能带来好的心情，特别适合经常熬夜加班的你。这款茶饮有消除水肿、排毒养颜的功效。

做法

1 煮锅内加入700毫升纯净水，大火烧开后关火。

2 将红茶包放入开水中，提着茶包的线，上下浸泡10次左右，取出茶包。

3 把煮好的红茶水倒入冷饮壶中，放入冰箱冷藏一两个小时降温。

4 橙子洗净，切成薄片，放入冷饮壶中。

5 西柚洗净，切成薄片，放入冷饮壶中。

6 凤梨去皮、洗净，切成小块，放入榨汁机中。

7 在榨汁机中加入40毫升的白开水和少许蜂蜜，与凤梨搅打均匀。

8 将搅打好的凤梨汁倒入冷饮壶中，搅拌均匀即可。

烹饪秘籍　如果觉得凤梨榨汁比较麻烦，也可以直接购买凤梨汁使用。

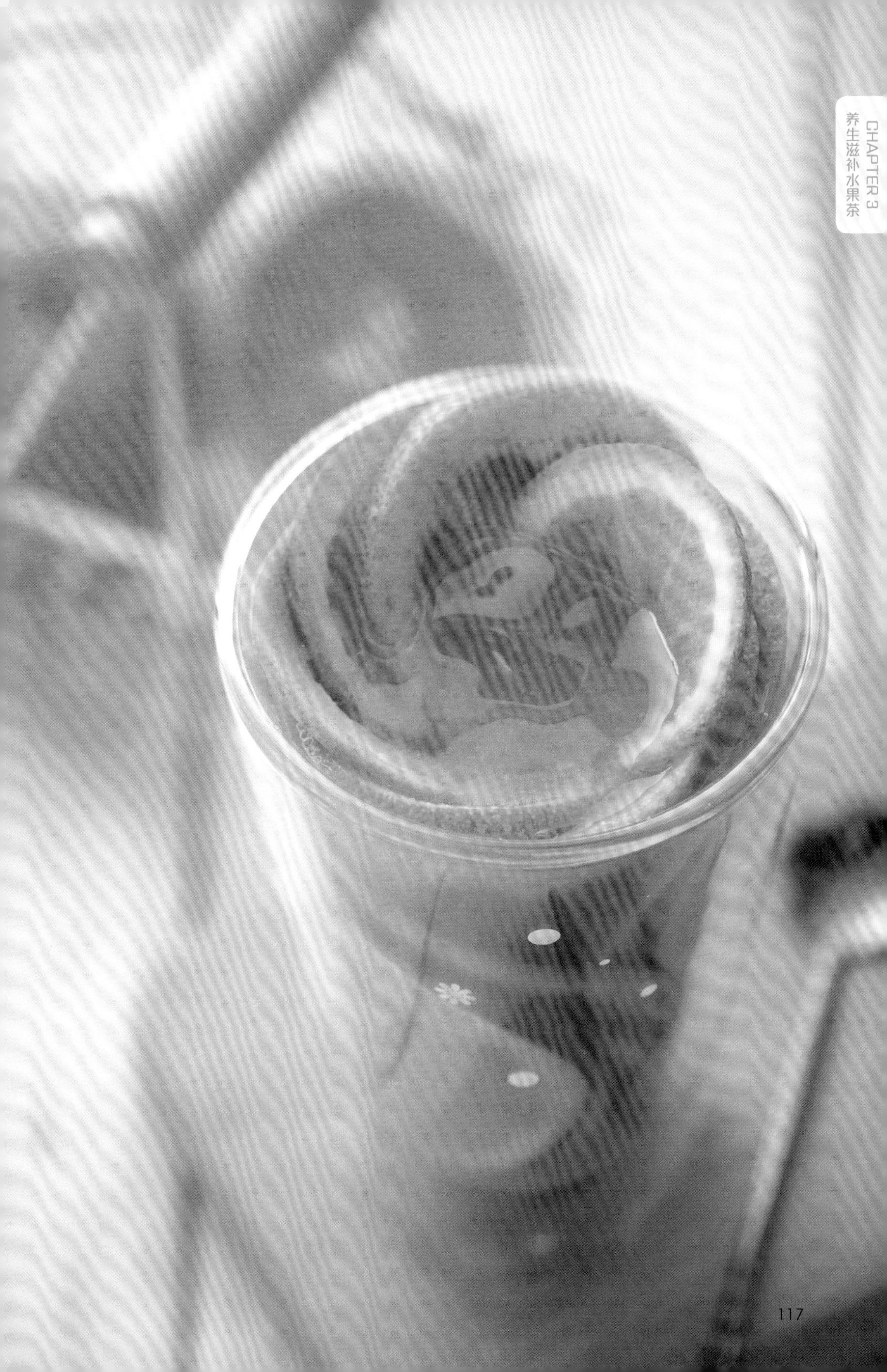

黄瓜蓝莓脐橙茶

🕐 15分钟　🥤 简单

主料

▶ 黄瓜120克　▶ 蓝莓20克　▶ 脐橙200克
▶ 绿茶包1包

辅料

▶ 蜂蜜少许

开心下午茶的时光，来一杯黄瓜蓝莓脐橙茶吧。清香爽口的黄瓜加上酸甜的蓝莓和脐橙，茶香中散发水果的清香，一杯入口，让人意犹未尽。这款茶饮能消肿减肥，还能美容养颜、增强抵抗力。

做法

1　黄瓜洗净，去头、去根，用刨皮刀从上往下，将黄瓜刮成一整条薄片，放入冷饮壶中。

2　蓝莓洗净，放入冷饮壶中；脐橙洗净，切成薄片，放入冷饮壶中。

3　煮锅内加入700毫升纯净水，大火烧开后关火。

4　把绿茶包放入开水中，提着茶包的线，上下浸泡10次左右，取出茶包。

5　将煮好的绿茶水倒入冷饮壶中，与其他食材一起搅拌均匀。

6　将茶水晾凉到不烫手，加入少许蜂蜜调味即可。

烹饪秘籍　水果茶做好之后，可以放入冰箱冷藏一两个小时，加入冰块，这样口感会更好。

拯救不爱喝水的你
橙香西瓜茶

🕐 15分钟　🥤 简单

主料

▶ 橙子200克　▶ 西瓜160克　▶ 红茶包1包

辅料

▶ 青柠檬1个　▶ 蜂蜜少许　▶ 冰块少量

 橙子香气扑鼻、味道酸甜，西瓜清香脆甜，把橙子与西瓜搭配在一起，用红茶作为基底茶，既有红茶的芬芳，又有水果的清香，有瘦身、降压的效果，特别适合不爱喝水的你。

做法

1　煮锅内加入700毫升纯净水，大火烧开后关火。

2　把红茶包放入开水中，提着茶包的线，上下浸泡10次左右，取出茶包。

3　将煮好的红茶水倒入冷饮壶中，放入冰箱冷藏一两个小时降温。

4　橙子洗净，切成薄片，放入冷饮壶中；西瓜洗净，切成小块，放入冷饮壶中。

5　青柠洗净，切成薄片，放入冷饮壶中。

6　最后加入少许蜂蜜和冰块，搅拌均匀即可。

 烹饪秘籍　如果想要西瓜的味道浓一些，也可以将西瓜榨成果汁，倒入茶中。

火龙果香橙茉莉茶

⏱ 15分钟　🥤 简单

主料

▸ 红心火龙果180克　▸ 香橙180克　▸ 茉莉花茶包1包

辅料

▸ 养乐多100毫升　▸ 蜂蜜少许　▸ 冰块少许

 把酸酸甜甜的养乐多与清香扑鼻的茉莉花茶作为基底，再加入香橙与火龙果，味道酸甜适中，非常可口。经常饮用可缓解肠胃不适，还能美白、减肥、预防贫血。

做法

1 煮锅内加入700毫升纯净水，大火烧开后关火。

2 把茉莉花茶包放入开水中，提着茶包的线，上下浸泡10次左右，取出茶包。

3 将煮好的茉莉花茶水倒入冷饮壶中，放入冰箱冷藏一两个小时降温。

4 红心火龙洗净、去皮，切成小块，放入冷饮壶中；香橙洗净，切成薄片，放入冷饮壶中。

5 将蜂蜜倒入冷饮壶中，搅拌均匀。

6 最后倒入养乐多，加入冰块即可。

 烹饪秘籍　红茶、绿茶、乌龙茶都与养乐多很搭配，可以根据个人口味选择。

菠萝青柠茶

🕐 15分钟   🍵 简单

主料

▸菠萝130克   ▸青柠檬80克   ▸红茶包1包

辅料

▸蜂蜜少许   ▸冰块少许

 菠萝和柠檬酸甜可口，香气宜人。菠萝的香气能舒缓情绪，它含有丰富的维生素，有美容护肤的效果。这款茶饮非常适合精神紧张、工作压力大的你。

做法

1 煮锅内加入700毫升纯净水，大火烧开后关火。

2 把红茶包放入开水中，提着红茶包的线，上下浸泡10次左右，取出茶包。

3 将煮好的红茶水倒入冷饮壶中，放入冰箱冷藏一两个小时降温。

4 青柠檬洗净，切成薄片，放入冷饮壶中。

5 菠萝去皮，洗净，切成小块，放入榨汁机中。

6 在榨汁机中加入40毫升的白开水与少许蜂蜜，与菠萝搅打均匀。

7 将搅打好的菠萝汁倒入冷饮壶中，搅拌均匀。

8 最后加入少许冰块即可。

> 烹饪秘籍   菠萝与青柠的口感偏酸，可以多加入一些蜂蜜中和一下口味。

排毒美肤好帮手
玫瑰洛神柠檬茶

🕐 20分钟　🍵 简单

主料

▸ 玫瑰花5朵　▸ 洛神花2朵　▸ 柠檬40克　▸ 红茶包1包

辅料

▸ 蜂蜜少许

美好的一天由玫瑰开启。玫瑰花与洛神花搭配，可以排毒养颜，清热去火，帮助消化。加上柠檬，酸酸甜甜，非常好喝。工作之余来一杯玫瑰洛神柠檬茶，会在不知不觉间悄悄变美哦。

做法

1 柠檬洗净，切成薄片待用。

2 洛神花用温开水冲洗干净待用。

3 煮锅内加入700毫升纯净水，用大火烧开。

4 加入洛神花，用小火煮5分钟，关火。

5 把红茶包放入开水中，提着茶包的线，上下浸泡10次左右，取出茶包。

6 将煮好的洛神花红茶倒入冷饮壶中。

7 将玫瑰花放入冷饮壶中，盖上盖，闷5~10分钟。

8 把茶水晾凉到不烫手，加入柠檬片和少许蜂蜜，搅拌均匀即可。

烹饪秘籍　用洛神花泡茶时，先用温水快速清洗一下，可以减少洛神花的酸涩口感。

满口酸、甜、爽
草莓青柠百香茶

⏱ 15分钟　🥤 简单

主料

▸ 草莓100克　▸ 青柠檬40克　▸ 百香果1个　▸ 红茶包1包

辅料

▸ 蜂蜜少许

草莓的甜与青柠的酸，再融合百香果独特的香气，这三种食材碰撞出妙不可言的味道。工作之余，来一杯草莓青柠百香茶，可消除疲劳，补充多种维生素，起到排毒养颜、促进代谢的效果。

做法

1 青柠檬洗净，切成薄片待用。

2 百香果洗净，对半切开，取出果肉，放入冷饮壶中。

3 草莓洗净、去蒂，切成两半，放入冷饮壶中。

4 在煮锅内加入700毫升纯净水，大火烧开后关火。

5 把红茶包放入开水中，提着茶包的线，上下浸泡10次左右，取出茶包。

6 将煮好的红茶倒入冷饮壶中，盖上盖，闷5~10分钟。

7 待果茶晾凉到不烫手，加入柠檬片和少许蜂蜜，搅拌均匀即可。

烹饪秘籍　在挑选百香果时，应选择外表颜色呈紫红或暗红色的，这样的口感会更好，还可以摇一摇，听有没有晃动的声音，如果没有，说明里面的果肉还粘在果皮上，是比较新鲜的。

果香四溢的美好时光
青橘柠檬西柚茶

🕐 15分钟　🥤 简单

主料

▸ 青橘40克　▸ 柠檬40克　▸ 西柚350克　▸ 绿茶包1包

辅料

▸ 蜂蜜少许

 青橘富含维生素A，可延缓衰老、增强肌肤弹性；西柚酸甜多汁，富含维生素C，能够美白肌肤，促进钙的吸收。青橘、西柚、柠檬的搭配，果香四溢，酸甜递进，让你的味蕾兴奋不已。

做法

1 青橘洗净，对半切开，放入冷饮壶中。

2 西柚洗净，留出三分之一切成薄片，放入冷饮壶内。

3 将剩余的西柚果肉分离出来，掰碎，放入冷饮壶中。

4 柠檬洗净，切成薄片待用。

5 煮锅内加入700毫升纯净水，大火烧开后关火。

6 把绿茶包放入开水中，提着茶包的线，上下浸泡10次左右，取出茶包。

7 将煮好的绿茶倒入冷饮壶中，盖上盖，闷5分钟左右。

8 把果茶晾凉到不烫手，加入柠檬片和少许蜂蜜，搅拌均匀即可。

烹饪秘籍　青橘的表皮有一层食用蜡，食用前先用热水快速冲烫一下，再用盐搓洗，能够清洁得更彻底。

养颜小能手
柠檬雪梨蜜瓜枸杞茶

🕐 15分钟　🍵 简单

主料

▸柠檬60克　▸雪梨200克　▸蜜瓜250克　▸枸杞子10粒
▸绿茶包1包

辅料

▸蜂蜜少许

 除了柠檬和雪梨的酸甜清脆，还有蜜瓜甜到心坎的好味道，将这三种水果搭配在一起，酸甜适中，清新爽口，再加上滋补明目的枸杞子，食补效果更好。经常饮用可以延缓衰老，保护眼睛，增强免疫力。

做法

1 蜜瓜洗净，去皮、去子，切成小块，放入榨汁机中。

2 在榨汁机中加入少许蜂蜜和100毫升纯净水，与蜜瓜一起搅打均匀。

3 将搅打好的蜜瓜汁倒入冷饮壶中。

4 柠檬洗净，切成薄片待用；雪梨洗净，去皮、去核，切成小块，放入冷饮壶中。

5 煮锅内加入600毫升纯净水，大火烧开后关火。

6 将绿茶包放入开水中，提着茶包的线，上下浸泡10次左右，取出茶包。

7 将泡好的绿茶倒入冷饮壶中，放入枸杞子，搅拌均匀，盖上盖，闷5分钟左右。

8 待果茶晾凉到不烫手，加入柠檬片即可。

烹饪秘籍　在挑选蜜瓜时，先拿起来闻一闻，香味越浓，味道也就越甜。

清肠解腻好味道
红柚茉莉气泡茶

🕐 15分钟　🥤 简单

主料

▶ 红柚300克　▶ 茉莉花苞10朵　▶ 绿茶包1包

辅料

▶ 蜂蜜少许　▶ 气泡苏打水200毫升　▶ 薄荷叶2片

 酸甜可口的红柚，搭配清香怡人的茉莉花苞，再加上由绿茶和苏打水配制而成的基底茶，淡雅的芳香滑过舌尖，令人回味无穷。经常饮用能延缓衰老、养胃清肠，焕发青春活力。

做法

1 红柚子洗净，去皮，剥出果肉，放入碗中。

2 将红柚果肉用工具捣碎，连汁待肉倒入冷饮壶中。

3 煮锅内加入400毫升纯净水，大火烧开后关火。

4 将绿茶包放入开水中，提着茶包的线，上下浸泡10次左右，取出茶包。

5 将泡好的绿茶倒入冷饮壶中，放入茉莉花，盖上盖，闷5分钟左右。

6 将做好的红柚茉莉茶放入冰箱，冷藏一两个小时降温。

7 加入少许蜂蜜，搅拌均匀。

8 最后加入苏打水和薄荷叶即可。

烹饪秘籍　如果不喜欢苏打水的味道，也可以用雪碧代替。

柚香四溢
蜂蜜西柚百香茶

🕑 15分钟　🍵 简单

主料

▶ 蜂蜜2汤匙　▶ 西柚200克　▶ 百香果20克
▶ 红茶包1包

辅料

▶ 冰块少许

 蜂蜜的香甜中混合着西柚与百香果的酸甜，味道甜而不腻。百香果富含膳食纤维，有保护肠胃的功效；西柚富含维生素P，有美肤养颜的功效。炎炎夏日，来一杯蜂蜜西柚百香茶，能润喉止渴、润泽肌肤。

做法

1 煮锅内加入700毫升纯净水，大火烧开后关火。

2 把红茶包放入开水中，提着茶包的线，上下浸泡10次左右，取出茶包。

3 将红茶水倒入冷饮壶中，放入冰箱冷藏1小时降温。

4 百香果洗净，切成两半，取出果肉，放入冷饮壶中。

5 西柚洗净，去皮，取出果肉，放入碗中捣碎。

6 在碗中加入蜂蜜，与西柚果肉搅拌均匀。

7 将搅拌好的蜂蜜西柚汁倒入冷饮壶中，搅拌均匀。

8 最后加入冰块即可。

 烹饪秘籍　如果觉得西柚处理起来比较麻烦，也可以用蜂蜜柚子酱代替。

水果与茶的碰撞
芒果百香茶

⏱ 15分钟　☕ 简单

主料

▶ 芒果300克　▶ 百香果2个　▶ 绿茶包1包

辅料

▶ 蜂蜜少许

芒果香甜软糯，富含芒果苷，可以提神醒脑、延缓衰老；百香果酸甜多汁，富含维生素C和膳食纤维，能美白肌肤、防止便秘。由芒果和百香果做成的饮品，味道酸酸甜甜，非常好喝。

做法

1 芒果去皮、去核，切成小块，放入冷饮壶中。

2 百香果洗净，切成两半，取出果肉，放入冷饮壶中。

3 煮锅内加入700毫升纯净水，大火烧开后关火。

4 将绿茶包放入开水中，提着茶包的线，上下浸泡10次左右，取出茶包。

5 将绿茶水倒入冷饮壶中，盖上盖，闷5分钟。

6 将果茶晾凉到不烫手，加入少许蜂蜜，搅拌均匀即可。

> 烹饪秘籍　芒果的品种较多，用来做果茶最好选择鲜甜多汁的品种，例如小台农芒果，果肉肥厚多汁，软糯清甜，是做果茶的首选。

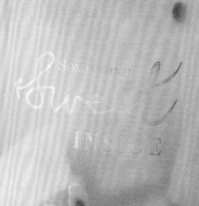

清爽酸甜，初恋的滋味
猕猴桃菠萝茶

⏱ 10分钟　🥤简单

主料

▶猕猴桃120克　▶菠萝150克　▶绿茶包1包

辅料

▶蜂蜜少许　▶柠檬50克

悠闲的午后，品一杯猕猴桃菠萝茶吧，酸甜的菠萝与柔软多汁的猕猴桃搭配，在茶香中散发着水果的清香，一杯入口，让人意犹未尽。经常饮用可以美容养颜，还可以改善视力、提高免疫力。

做法

1 菠萝去皮，洗净，切块，放入榨汁机中。

2 在榨汁机中加入少量水，与菠萝搅打均匀。

3 将搅打好的菠萝汁倒入冷饮壶中。

4 猕猴桃洗净，去皮，切成薄片，倒入冷饮壶中。

5 柠檬洗净，切成薄片待用。

6 煮锅内加入700毫升纯净水，大火烧开后关火。

7 把绿茶包放入开水中，提着茶包的线，上下浸泡10次左右，取出茶包。

8 将泡好的绿茶倒入冷饮壶中，晾凉到不烫手，加入柠檬和少许蜂蜜，搅拌均匀即可。

烹饪秘籍　在挑选猕猴桃的时候，应选择体形饱满、表面完整没有凹陷、颜色均匀的，这样的猕猴桃口感会比较鲜甜。

驱寒减脂

萝卜菠萝姜丝茶

🕐 15分钟　🥤 简单

主料

▸ 胡萝卜120克　▸ 菠萝150克　▸ 生姜2片　▸ 红茶包1包

辅料

▸ 蜂蜜少许　▸ 橘子150克

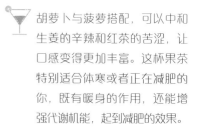
胡萝卜与菠萝搭配，可以中和生姜的辛辣和红茶的苦涩，让口感变得更加丰富。这杯果茶特别适合体寒或者正在减肥的你，既有暖身的作用，还能增强代谢机能，起到减肥的效果。

做法

1 胡萝卜洗净，切成小块，放入榨汁机中。

2 在榨汁机中加入少量水，搅打均匀。

3 将胡萝卜汁过滤一下，倒入冷饮壶中。

4 菠萝洗净，去皮，切成小块，放入冷饮壶中；生姜洗净，切成细丝，倒入冷饮壶中。

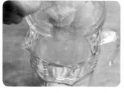
5 橘子去皮，剥瓣后取果肉，放入冷饮壶中。

6 煮锅内加入700毫升纯净水，大火烧开后关火。

7 红茶包放入开水中，提着茶包的线，上下浸泡10次左右，取出茶包。

8 将泡好的红茶倒入冷饮壶中，晾凉到不烫手，加入少许蜂蜜，搅拌均匀即可。

烹饪秘籍　胡萝卜过滤掉渣滓，口感会更好一些。

令人赞不绝口的好味道
西瓜葡萄蜂蜜茶

 15分钟　🥤简单

🍸 西瓜香甜多汁，葡萄清新酸甜，两者搭配，再加上蜂蜜的调和，酸甜可口，层次分明，既好喝又健康。经常饮用可以美容养颜、抵抗衰老，还能养胃健脾、缓解疲劳。

主料

▸ 西瓜200克　▸ 葡萄50克
▸ 蜂蜜少许　▸ 绿茶包1包

做法

1　西瓜洗净，去皮，切成小块，放入冷饮壶中。

2　葡萄洗净、去皮，对半切开，去子，放入冷饮壶中。

3　煮锅内加入500毫升纯净水，大火烧开后关火。

烹饪秘籍

葡萄去皮后再用来泡茶，可以更好地将葡萄的果味释放出来。

4　绿茶包放入开水中，提着茶包的线，上下浸泡10次左右，取出茶包。

5　将泡好的绿茶倒入冷饮壶中，加入少许蜂蜜，搅拌均匀即可。

CHAPTER 4

花样百出
的果酱

草莓颗粒看得见

草莓酱

⏱ 15分 🍴 简单

主料
▸ 草莓500克

辅料
▸ 绵白糖300克 ▸ 柠檬60克

做法

1 草莓洗净，沥干水分，去除蒂部。

2 将草莓切成小丁，放入大碗中。

3 将绵白糖倒入大碗中，与草莓一起搅拌均匀。

4 将草莓盖上保鲜膜，放入冰箱冷藏3小时左右。

5 将冷藏后的草莓连汁倒入不粘锅中。

6 加入刚刚没过草莓的水，小火慢熬，慢慢搅拌至果酱黏稠、呈枣红色时关火。

7 柠檬洗净，切成两半，挤汁在草莓酱上，搅拌均匀。

8 将草莓酱晾凉，装入干净的密封玻璃罐中即可。

烹饪秘籍
1 储存果酱的罐子必须是经过高温水煮消毒的，无油无水的。
2 使用绵白糖会比用白砂糖做出来的果酱口感更加细软一些。

组合变化菜谱

苹果草莓酱

主料
▸ 苹果200克 ▸ 草莓酱3汤匙

做法

1 苹果洗净，切成小块，放入蒸锅中大火蒸5分钟。

2 将蒸好的苹果用料理棒搅打成苹果泥。

3 将苹果泥与草莓酱搅拌均匀即可。

酸酸甜甜的草莓，颜色艳丽，富含维生素和膳食纤维，能够改善便秘、美容护肤。把它制作成果酱，无论是早餐时用来涂抹吐司，还是搭配酸奶，都很合适，令你在非草莓季也能享受到美味的草莓。

护眼佳品
蓝莓酱

🕐 30分钟　🥄 简单

主料	辅料
▸ 蓝莓600克	▸ 绵白糖200克　▸ 柠檬20克

做法

1 将柠檬洗净，切半，用柠檬榨汁器取汁备用。

2 蓝莓洗净，倒入不粘锅中。

3 在锅内加入绵白糖。

4 开小火，慢慢将蓝莓用木铲搅拌均匀。

5 待绵白糖化开、蓝莓出汁后，倒入柠檬汁。

6 边煮边搅，煮到蓝莓肉烂、水分减少、果酱呈透亮黏稠时关火。

7 将熬制好的蓝莓果酱晾凉，装入干净的密封玻璃罐中即可。

> **烹饪秘籍** 蓝莓不宜熬煮时间过久，否则会非常黏稠，影响口感。蓝莓熬到能挂在勺子上，且流动比较慢的时候就可以关火了。

组合变化菜谱

蓝莓山药

主料
▸ 蓝莓酱2汤匙　▸ 山药180克

做法

1 山药洗净，去皮，切成小段。

2 将山药放入蒸锅内蒸熟，装入盘中。

3 将蓝莓酱淋在山药上即可。

蓝莓富含花青素和维生素C，能够保护眼睛，延缓衰老。由蓝莓制作的果酱更是甜蜜的代表，早餐时搭配香酥的牛角面包，或是下午茶时做成蓝莓英式红茶，都能满足你的需求。

天然抗氧化
树莓酱

⏱ 30 分钟　🍵 简单

主料　　　　辅料

▶ 树莓600克　▶ 冰糖300克　▶ 柠檬50克

做法

1 将柠檬洗净，切半，用柠檬榨汁器取汁备用。

2 树莓洗净，择掉果蒂，沥干水分，倒入锅内。

3 在锅内加入冰糖，开小火，与树莓一起，用木铲慢慢搅拌均匀。

4 待冰糖化开、树莓出汁后，倒入柠檬汁。

5 边煮边搅，煮到树莓肉烂、水分减少、果酱呈透亮黏稠时关火。

6 将熬制好的树莓果酱晾凉，装入干净的密封玻璃罐中即可。

> **烹饪秘籍** 用来搅拌果酱的工具最好选用木铲或不锈钢锅铲，用铁铲会使果酱的颜色变得晦暗。

组合变化菜谱

树莓苏打饼干

主料

▶ 树莓果酱1汤匙
▶ 原味苏打饼干2块

做法

1 将树莓果酱涂抹在苏打饼干上。

2 再取一块苏打饼干盖在上面，轻轻按压一下即可。

树莓甘甜多汁，富含花青素和鞣酸，有美容养颜、防癌抗癌的功效，由树莓制作成的果酱色泽诱人，晶莹剔透，包裹着甜而不腻的树莓颗粒，可以搭配早餐面包和各类甜点，也可以作为宝宝的辅食调味。

味觉新体验
蜜桃酱

🕐 20分钟　🥄 简单

主料	辅料	
▶ 水蜜桃600克	▶ 柠檬80克	▶ 冰糖300克

做法

1 水蜜桃洗净，去皮、去核，切成小丁，放入大碗中。

2 在碗中加入冰糖，与水蜜桃搅拌均匀。

3 将水蜜桃盖上保鲜膜，放入冰箱冷藏3小时左右。

4 将柠檬洗净、切半，用柠檬榨汁器取汁备用。

5 将冷藏后的水蜜桃连汁倒入不粘锅中，加入刚刚没过水蜜桃的水，小火慢熬，边煮边搅。

6 待水蜜桃熬至果肉变透明时，加入柠檬汁。

7 慢慢搅拌至桃丁软烂、糖浆黏稠时关火。

8 将熬制好的蜜桃酱晾凉后，装入干净的密封玻璃罐中即可。

 烹饪秘籍

1 熬制果酱的锅必须是干净无油的。

2 在选择水蜜桃时，应选择颜色较红的，这样制作出来的水蜜桃颜色会比较好看。

组合变化菜谱

蜜桃蜂蜜酸奶

主料

▶ 蜜桃酱2汤匙　▶ 酸奶200毫升　▶ 蜂蜜少许

做法

1 酸奶倒入碗中。

2 在酸奶上淋入少许蜂蜜。

3 再取2汤匙蜜桃酱放在上面即可。

皮薄多汁的水蜜桃制作成果酱，清新香甜，有滋养肌肤、通便减肥的功效。百搭的蜜桃酱除了早餐时用来涂抹面包，还可以制作果茶，将不同的食材融入蜜桃酱的世界，不断带来新的味觉体验。

润肺生津
青橘酱

⏱ 20分钟　🍴 简单

主料
▸ 青橘600克

辅料
▸ 冰糖350克

做法

1 青橘洗净，对半切开，去子。

2 将青橘切碎，放入碗中。

3 碗中加入冰糖，与青橘搅拌均匀。

4 将青橘盖上保鲜膜，放入冰箱冷藏3小时左右。

5 将冷藏后的青橘倒入不粘锅中，加入刚刚没过青橘的纯净水。

6 中火将青橘煮开，然后转小火，边煮边搅，煮到橘皮变软、汁液变得黏稠关火。

7 将熬制好的青橘果酱晾凉，装入干净的密封玻璃罐中即可。

烹饪秘籍　清洗青橘时，应将青橘在温水中浸泡10分钟左右，再用盐搓洗干净。

组合变化菜谱

青橘茶饮

主料
▸ 青橘果酱1汤匙

辅料
▸ 绿茶包1包

做法

1 杯中倒入开水，将绿茶包放入杯中浸泡3~5分钟后取出。

2 取1汤匙青橘果酱倒入杯中，搅拌均匀即可。

青橘酸酸甜甜，清脆可口，富含维生素，能够预防感冒、增强抵抗力、润肺止咳。把它制作成果酱也是好处多多，可以在早餐时涂抹面包，也可以直接食用，或者冲泡饮用，是家中常备的润肺良方。

BANFANG HOME

失眠者的食疗补品
橘子酱

⏱ 20分钟　🍶 简单

主料
▸ 橘子600克

辅料
▸ 冰糖200克　▸ 柠檬60克

做法

1 橘子洗净，去皮，去橘络，将每个橘子瓣掰碎，去核，放入碗中。

2 在碗中加入冰糖，与橘子瓣搅拌均匀。

3 将橘子盖上保鲜膜，放入冰箱冷藏3小时左右。

4 将柠檬洗净、切半，用柠檬榨汁器取汁备用。

5 将冷藏后的橘子连汁倒入不粘锅中。

6 中火将橘子汁煮开，转小火边煮边搅，待水分逐渐收干时加入柠檬汁。

7 再搅拌至酱汁黏稠时关火。

8 将熬制好的橘子酱晾凉后，装入干净的密封玻璃罐中即可。

烹饪
秘籍

1 制作果酱的橘子要选择新鲜的、果肉没有腐烂变质的。

2 橘子肉上的白色橘络的食用价值也非常高，去除时留一点也没关系。

组合变化菜谱

橘子蛋奶布丁

主料
▸ 橘子酱1汤匙　▸ 鸡蛋1个　▸ 牛奶80毫升

做法

1 鸡蛋打入碗中，用打蛋器搅拌均匀。

2 牛奶倒入碗中，把牛奶与鸡蛋充分搅打均匀。

3 放入蒸锅内蒸10分钟取出，上面淋上橘子酱即可。

酸甜可口的橘子富含维生素C与柠檬酸，有美容养颜、消除疲劳的功效，由橘子制作成的果酱甜而不腻，口感清爽，它那特有的橘子芳香可以镇静安神，晚上睡觉之前用来泡水，喝上一小杯，既能帮助睡眠，还能润肺止咳，简直就是失眠者的平价食疗补品啊。

橙香四溢
橙子酱

🕐 25分钟　🥄 简单

主料

▸ 橙子700克

辅料

▸ 冰糖200克　▸ 柠檬50克

做法

1 将柠檬洗净、切半，用柠檬榨汁器取汁备用。

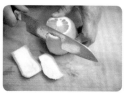

2 橙子洗净，切去头部与尾部，将果皮与果肉分开。

3 取两个橙子的果皮，将果皮内白色的部分去除，剩下的切成细丝，放入碗中。

4 将橙肉剔除白色经络，切碎，放入碗中。

5 把橙肉与橙皮丝倒入不粘锅中，加入冰糖，搅拌均匀。

6 中火将橙子汁煮开，转小火边煮边搅。

7 待水分逐渐收干时加入柠檬汁，搅拌至酱汁黏稠时关火。

8 将熬制好的橙子酱晾凉后，装入干净的密封玻璃罐中即可。

烹饪秘籍

1 橙子在制作果酱时要充分洗净，将橙子在温水中浸泡10分钟左右，再用盐搓洗干净。

2 直接放入橙子皮制作果酱会比较苦，把橙皮内白色的部分去除，可以减少苦味。

组合变化菜谱

橙子吐司

主料

▸ 橙子酱2汤匙　▸ 吐司面包2片

做法

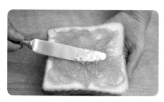

1 取一片吐司面包，在上面涂抹一层厚厚的橙子酱。

2 将两片面包盖在一起。

3 将面包斜角对半切开即可。

 橙子香气清新，能舒缓压力,改善情绪。它还富含维生素C，能预防感冒，美白肌肤。由它制作的果酱橙香四溢，早餐时用来搭配面包，简单又营养。还可以作为午餐后的小零嘴、下午茶的配餐，都很合适。

去火降燥好味道
蜂蜜西柚酱

🕐 40 分钟　🥄 简单

主料
▸ 蜂蜜150克　▸ 西柚800克

辅料
▸ 冰糖100克

做法

1　西柚洗净，去除果皮。

2　把柚子肉上的白色筋膜去除，掰碎，去子，放入不粘锅中。

3　在锅中加入冰糖，与柚子肉搅拌均匀。

4　开小火，用木铲边煮边搅，煮到浓稠时关火。

5　将柚子酱晾凉至不烫手，加入蜂蜜，彻底搅拌均匀。

6　将熬制好的蜂蜜西柚果酱晾凉，装入干净的密封玻璃罐中即可。

烹饪秘籍　将柚子肉上面的白色筋膜去除可以减少苦味，使口感更加鲜甜。

组合变化菜谱

柚子酱排骨

主料
▸ 蜂蜜西柚酱2汤匙
▸ 排骨300克

辅料
▸ 盐少许　▸ 生抽1汤匙
▸ 橄榄油1汤匙

做法

1　将排骨洗净，放入盐、生抽腌制半小时。

2　炒锅加热，刷一层橄榄油，放入排骨煎至金黄。

3　加入蜂蜜西柚酱，翻炒至收汁即可。

西柚酸酸甜甜，富含维生素与天然叶酸，非常适合孕妇食用，能降低胎儿神经管畸形的概率。把它制作成果酱冲泡饮用，在餐后来一杯，可以去火降燥，还能化解油腻。

香气诱人，酸中带甜

百香果酱

⏱ 30分钟　🥤 简单

主料
▸ 百香果700克

辅料
▸ 冰糖350克

做法

1 百香果对半切开，用勺子挖出果肉，放入碗中。

2 碗中加入冰糖，与百香果搅拌均匀。

3 将百香果盖上保鲜膜，放入冰箱冷藏3小时左右。

4 将冷藏后的百香果连汁倒入不粘锅中。

5 中火将百香果汁煮开，转小火边煮边搅，煮到水分减少、果酱呈透亮黏稠时关火。

6 将熬制好的百香果酱晾凉后，装入干净的密封玻璃罐中即可。

> **烹饪秘籍** 百香果没有大块的果肉，相对于其他水果比较容易熟，熬煮时注意时间不要太久，否则容易熬过头。

组合变化菜谱

百香养乐多

主料
▸ 养乐多2瓶
▸ 百香果酱2汤匙

辅料
▸ 冰块适量　▸ 薄荷叶2片

做法

1 取2汤匙百香果酱，倒入杯中。

2 在杯中倒入养乐多，搅拌均匀。

3 加入冰块，上面放上薄荷叶点缀装饰即可。

百香果肉经过熬制，色泽金黄，香甜爽口。它应用广泛，可以冲泡饮料、烘焙甜点，或是涂抹在面包上，都是非常不错的选择，是一款百搭果酱。

消食解腻的开胃酱

山楂酱

🕐 30分钟　🍶 简单

主料	辅料
▸ 山楂500克	▸ 冰糖300克

做法

1 山楂洗净，用刀将两头切掉。

2 把山楂切开，去除山楂子。

3 将山楂倒入不粘锅中，加入冰糖，加入刚没过山楂的纯净水。

4 中火将山楂煮开，然后转小火，边煮边用木铲将山楂压成泥状。

5 边煮边搅，煮到山楂肉烂、汤汁浓稠时关火。

6 将熬制好的山楂果酱晾凉后，装入干净的密封玻璃罐中即可。

 烹饪秘籍　用刀将山楂的两头切掉，然后拿一根筷子在山楂的一头轻轻往里面一捅，就可以快速去除山楂子。

组合变化菜谱

蔬菜山楂沙拉

主料

▸ 山楂酱1汤匙　▸ 综合生菜250克

辅料

▸ 沙拉汁适量

做法

1 将生菜洗净，放入盘中。

2 倒入山楂酱、沙拉汁，搅拌均匀即可。

山楂酸酸甜甜，由它制作成的
果酱口感层次丰富，从淡淡的
甜，到微微的酸，一勺山楂酱
便可以满足你挑剔的味蕾。它
还含有丰富的维生素C和有机
酸，可以美容养颜，促进消化。

芒果控的福利
芒果酱

🕐 30分钟　🍴 简单

主料
- ▸ 芒果700克

辅料
- ▸ 冰糖300克　▸ 柠檬1个

做法

1 芒果洗净，对半切开，去皮、去核。

2 将芒果肉切碎，放入碗中。

3 碗中加入冰糖，与芒果搅拌均匀。

4 将芒果盖上保鲜膜，放入冰箱冷藏3小时左右。

5 将冷藏后的芒果连汁一起倒入不粘锅中。

6 小火慢熬，慢慢用木铲搅拌至黏稠，关火。

7 将柠檬洗净，切成两半，挤汁淋在芒果酱上，搅拌均匀。

8 将熬制好的芒果酱晾凉后，装入干净的密封玻璃罐中即可。

烹饪秘籍　如果喜欢非常细腻的果肉，可以将芒果果肉放入榨汁机搅打均匀，再放入锅中熬制。

组合变化菜谱

芒果虾仁

主料
- ▸ 虾仁70克　▸ 芒果果酱2汤匙

辅料
- ▸ 美乃滋1汤匙　▸ 盐少许　▸ 西芹1根

做法

1 西芹洗净，切成小段。

2 将虾仁、西芹分别余烫后捞出，放入盘中。

3 撒盐，淋美乃滋与芒果酱，搅拌均匀即可。

芒果的果肉细嫩多汁、甜而不腻，富含维生素C和维生素A，能够美白肌肤、保护眼睛，它还富含膳食纤维，能清除肠道垃圾，促进消化。由芒果制作成的果酱，适用于各种热饮、冷饮的调配，还可用于早餐的搭配，甚至可以在炒菜时作为配菜使用。这可真是芒果控的福利呀。

金黄果粒看得见
菠萝酱

⏱ 60分钟 🍴 简单

主料
▶ 菠萝1000克

辅料
▶ 冰糖300克 ▶ 盐少许

做法

1 菠萝洗净，去皮，切成大块，去除菠萝中间的硬心。

2 在盆中加入没过菠萝的清水，加入少许盐，搅拌均匀，浸泡20分钟。

3 用清水冲洗干净，将水沥干。

4 取一半菠萝，切成细小的碎块，放入不粘锅中，剩下一半放入榨汁机中。

5 将榨汁机中的菠萝搅打均匀，倒入不粘锅中。

6 锅中加入冰糖，开中火将菠萝煮开。

7 转小火，用木铲边煮边搅，煮到浓稠时关火。

8 将熬制好的菠萝酱晾凉，装入干净的密封玻璃罐中即可。

烹饪秘籍　菠萝的果肉比较硬，熬煮的时间要比其他水果长一些，一般在50分钟左右。

组合变化菜谱

冰糖菠萝粥

主料
▶ 大米100克 ▶ 菠萝果酱2汤匙

辅料
▶ 蜂蜜少许

做法

1 大米洗净，放入电饭锅中，加入适量水，熬煮成白粥。

2 加入菠萝果酱和少许蜂蜜拌匀即可。

菠萝果肉金黄、甜酸适口，富含维生素和蛋白酶，有美容养颜、瘦身减肥的效果。由菠萝制作成的果酱，口感滑嫩、鲜甜味美，食用起来也比较方便，早餐时搭配面包食用，省时省力又快手。

雪梨酱

肺不燥，喉清爽

⏱ 40 分钟　🥛 简单

主料	辅料
▸ 雪梨700克	▸ 冰糖300克　▸ 柠檬50克

做法

1 将柠檬洗净、切半，用柠檬榨汁器取汁备用。

2 雪梨洗净，去皮、去核，切成小块。

3 将一半雪梨块放入榨汁机中，另一半放入不粘锅中。

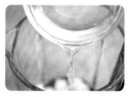

4 往榨汁机中加入30毫升凉白开，搅打均匀，倒入不粘锅中。

5 锅中加入冰糖，开中火将雪梨汁煮开。

6 接着往锅中倒入柠檬汁。

7 转小火，用木铲边煮边搅，煮到浓稠时关火。

8 将熬制好的雪梨酱晾凉，装入干净的密封玻璃罐中即可。

> 烹饪秘籍　在挑选雪梨时应选择表皮薄，没有伤痕的，这样的雪梨会比皮厚的雪梨甜、水分多。

组合变化菜谱

罗汉果雪梨水

主料

▸ 雪梨酱2汤匙　▸ 罗汉果1个

做法

1 将罗汉果洗净、掰碎，放入煮锅中。

2 在煮锅中加入1200毫升的白开水，熬煮20分钟，倒入冷饮壶中。

3 在壶中加入雪梨酱，搅拌均匀即可。

雪梨鲜甜适口，对于爱上火的朋友来说是很好的食疗佳品。把它制作成果酱，用热水冲泡一杯，既能补充维生素、美容养颜，还能润肺去火，缓解咽喉痛。

香甜软糯，甜而不腻

木瓜酱

⏱ 50分钟　🍴 简单

主料
▸ 木瓜700克

辅料
▸ 冰糖350克

做法

1 木瓜洗净、去皮，对半切开，去子。

2 将木瓜切成小块。

3 将一半木瓜块放入榨汁机中，另一半放入不粘锅中。

4 将榨汁机中的木瓜搅打均匀，倒入不粘锅中。

5 锅中加入冰糖，和木瓜块一起搅拌均匀。

6 开小火，用木铲边煮边搅，煮到木瓜汁浓稠、呈现胶质时关火。

7 将熬制好的木瓜酱晾凉，装入干净的密封玻璃罐中即可。

 烹饪秘籍　如果喜欢酸甜口味的果酱，可以在熬制时加入柠檬提味。

组合变化菜谱

木瓜奶茶

主料
▸ 木瓜酱1汤匙　▸ 牛奶100毫升　▸ 红茶包1包

做法

1 准备200毫升的杯子，加入2/3杯开水，放入红茶包，泡2分钟，取出茶包。

2 接着在杯中加入牛奶，与红茶搅拌均匀。

3 最后在杯中加入木瓜酱即可。

 木瓜果肉细腻多汁，口感清甜鲜香、入口即化，它含有丰富的木瓜酶和维生素，可以帮助消化、丰胸润肤。由木瓜熬制成的果酱色泽金黄、味道香甜，无论是用来搭配早餐，还是搭配甜品，都能给你的味蕾带来不一样的享受。

丝滑浓郁满口香
花生酱

⏱ 50 分钟　🥛 简单

主料
▸ 生花生米200克

辅料
▸ 橄榄油15毫升　▸ 盐2克
▸ 白砂糖1茶匙

做法

1 将生花生米倒入不粘锅中，用小火慢慢将花生米炒熟。

2 把炒熟的花生米晾凉，去掉红皮。

3 把去皮的花生米放入料理机内打成粉末，倒入碗中，加入盐、白砂糖。

4 炒锅加热，倒入橄榄油烧至八成热，倒入碗中与花生搅拌均匀。

5 将搅拌好的花生糊再放入料理机中，搅打至细滑的泥状。

6 将搅打好的花生酱装入干净的密封玻璃罐中即可。

烹饪秘籍　如果觉得炒花生米比较麻烦，可以直接购买炒熟的花生米。

组合变化菜谱

巧克力花生酱

主料
▸ 花生酱2汤匙　▸ 巧克力40克

做法

1 将块状巧克力放入容器中，隔水加热，融化成液体。

2 取2汤匙花生酱放入碗中。

3 将融化的巧克力液倒入碗中，与花生酱搅拌均匀即可。

花生富含钙，可以促进骨骼的生长发育，还富含锌元素，能促进大脑发育、增强记忆力。由花生制作成的坚果酱香而不腻，入口丝滑，早餐时用来搭配吐司、面包、三明治，柔滑浓香，带给你满满的幸福感。

健脑益智好帮手
核桃酱

🕐 40 分钟　☕ 简单

主料
▸ 核桃仁200克

辅料
▸ 橄榄油1汤匙
▸ 白砂糖1茶匙　▸ 盐2克

做法

1 将核桃仁洗净，晾干，放入不粘锅内。

2 用小火慢慢将核桃仁炒熟。

3 把核桃仁放入料理机内打成粉末，倒入碗中，加入盐、白砂糖。

4 炒锅加热，倒入橄榄油烧至八成热，倒入碗中，与核桃粉搅拌均匀。

5 将搅拌好的核桃糊再放入料理机中，搅打至细滑的泥状。

6 将搅打好的核桃酱装入干净的密封玻璃罐中即可。

烹饪秘籍　如果家中有烤箱，也可以将核桃仁放入烤箱内烤熟，这样可以节省制作的时间。

组合变化菜谱

芝麻核桃酱

主料
▸ 核桃酱2汤匙　▸ 黑芝麻30克

做法

1 黑芝麻洗净，放入锅中，小火炒熟。

2 将黑芝麻放入料理机中，用干磨功能将黑芝麻搅打均匀。

3 将搅打好的黑芝麻倒入碗中，加入核桃酱，搅拌均匀即可。

核桃富含维生素E与不饱和脂肪酸，可以延缓衰老，滋养脑细胞、增强脑功能。由核桃制作成的坚果酱口感醇香，无论是用来拌凉菜或是拌主食，都是再好不过的选择了。

一家人吃得好开心
榛子酱

⏱ 50 分钟　☕ 简单

主料
▸ 榛子果仁200克

辅料
▸ 橄榄油20毫升
▸ 白砂糖1茶匙　▸ 盐2克

做法

1 将榛子仁洗净、晾干，放入不粘锅内。

2 用小火慢慢将榛子仁炒熟。

3 把榛子仁放入料理机内打成粉末，倒入碗中，加入盐、白砂糖。

4 炒锅加热，倒入橄榄油烧至八成热，倒入碗中，与榛子搅拌均匀。

5 将搅拌好的榛子糊，再放入料理机中，搅打至细滑的泥状。

6 将搅打好的榛子酱装入干净的密封玻璃罐中即可。

> **烹饪秘籍** 如果喜欢坚果粒那种脆脆的口感，也可以不用搅打得太细。

组合变化菜谱

焦糖榛子酱

主料
▸ 榛子酱2汤匙
▸ 白砂糖50克

做法

1 将白砂糖倒入不粘锅内，加入10毫升凉白开。

2 开小火，慢慢搅拌，将白砂糖熬制成焦红色，关火。

3 取2汤匙榛子酱放入碗中，淋上熬制好的焦糖即可。

由榛子制作而成的坚果酱，适合与家人一起分享。它那浓香醇厚的口味，细腻柔滑的质地，特别方便涂抹，是早餐面包的最佳搭档。它富含磷、钾、铁等矿物质元素，能增强体质，抵抗疲劳，有助于孩子的生长发育。

吃完身体棒棒的
腰果酱

🕐 40 分钟　🍲 简单

主料
▸ 腰果300克

辅料
▸ 橄榄油1汤匙　▸ 盐2克

做法

1 将腰果放入不粘锅内。

2 用小火慢慢将腰果炒熟。

3 把腰果放入料理机内搅打成粉末，倒入碗中，加入盐。

4 炒锅加热，倒入橄榄油烧至八成热，倒入碗中，与腰果搅拌均匀。

5 将搅打好的腰果糊再放入料理机中，搅打至细滑的泥状。

6 将搅打好的腰果酱装入干净的密封玻璃罐中即可。

 烹饪秘籍　在挑选腰果时，应挑选个体饱满、没有受潮、没有霉变的腰果。

组合变化菜谱

腰果葡萄干酱

主料
▸ 腰果酱2汤匙
▸ 葡萄干30克

做法

1 葡萄干洗净，在清水中浸泡15分钟后捞出。

2 将葡萄倒入榨汁机中，加入20毫升凉白开，搅打成泥。

3 将葡萄干泥盛入碗中，加入腰果酱，搅拌均匀即可。

腰果清脆可口，制作成坚果酱美味又营养，做菜时加上一勺，香浓提味，让你秒变大厨。它含有多种维生素和矿物质，可以促进骨骼发育、延缓衰老，对老人和孩子都有帮助。

百搭坚果酱
杏仁酱

⏱ 60分钟　🥄 简单

主料
▸ 生杏仁300克

辅料
▸ 橄榄油20毫升　▸ 盐2克

做法

1 将杏仁洗净、晾干。

2 不粘锅烧热，将晾干的杏仁放入不粘锅内。

3 用小火慢慢将杏仁炒熟。

4 把杏仁放入料理机内打成粉末，倒入碗中，加入盐。

5 炒锅加热，倒入橄榄油烧至八成热，倒入碗中，与杏仁搅拌均匀。

6 将搅打好的杏仁糊再放入料理机中，搅打至细滑的泥状。

7 将搅打好的杏仁酱装入干净的密封玻璃罐中即可。

> **烹饪秘籍** 在搅打的过程中，观察杏仁先从颗粒状变成粉末状，然后慢慢出油，最后才变成糊状，所以打的时候需要有耐心。

组合变化菜谱

风味杏仁酱沙拉汁

主料
▸ 杏仁酱2汤匙

辅料
▸ 牛奶100毫升　▸ 盐2克
▸ 洋葱50克　　　○ 白糖少许
▸ 胡椒粉适量

做法

1 将杏仁酱放入碗中，倒入牛奶，搅拌均匀。

2 将洋葱洗净，切丁，放入碗中。

3 再加入盐、白糖、胡椒粉，搅拌均匀即可。

杏仁香脆可口，经过研磨，变成了口感醇香的杏仁酱，可以用来搭配饮品，或者作为调料用于炒菜中，还可以加入汤中用于增味。它富含维生素E与苦杏仁苷，有延缓衰老、预防肿瘤的食疗功效。

开心果酱

低卡饱腹营养酱

🕐 50分钟　🍴 简单

主料
▸ 开心果仁300克

辅料
▸ 橄榄油30毫升
▸ 盐3克

做法

1 将开心果仁放入平底锅中略微加热，趁热将果仁外的薄皮去掉。

2 将去皮的开心果仁倒入料理机内，打成粉末，倒入碗中，加入盐。

3 炒锅加热，倒入橄榄油烧至八成热，倒入碗中，与开心果搅拌均匀。

4 将搅拌好的开心果糊再次放入料理机内，搅打成细滑的泥状。

5 将搅打好的开心果酱装入干净的密封玻璃罐中即可。

烹饪秘籍　吃不完的坚果酱要放入冰箱冷藏起来保鲜。

组合变化菜谱

开心果酸奶意式果冻

主料
▸ 开心果酱1汤匙

辅料
▸ 酸奶100毫升　▸ 白砂糖20克
▸ 吉利丁片2片　▸ 牛奶30毫升

做法

1 把吉利丁片用冷水泡软，放入空碗中，隔水加热，搅拌至其化成液体状。

2 将开心果酱、酸奶、白砂糖、牛奶放入榨汁机中，搅打均匀。

3 加入吉利丁水，搅拌均匀，倒入果冻模具内，冷藏4小时即可。

开心果口感香脆，热量低、饱腹感强，含有丰富的维生素和矿物质，可以延缓衰老，保护心脑血管。由开心果制作而成的坚果酱咸香味美，让人停不下口，用它来涂抹面包、做点心或搭配冰激凌都超级棒。

咸中带甜，香浓醇厚

瓜子酱

🕐 60 分钟　🍴 简单

主料
▸ 生瓜子仁300克

辅料
▸ 橄榄油10毫升　▸ 盐3克
▸ 白砂糖5克

做法

1 将生瓜子仁洗净、晾干。

2 不粘锅烧热，将晾干的瓜子仁放入不粘锅内。

3 开小火，慢慢将瓜子仁翻炒熟。

4 把瓜子仁放入料理机内打成粉末，倒入碗中，加入盐、白砂糖。

5 炒锅加热，倒入橄榄油烧至八成热，倒入碗中，与瓜子搅拌均匀。

6 将搅拌好的瓜子仁糊再次放入料理机中，搅打至细滑的泥状。

7 将搅打好的瓜子仁酱装入干净的密封玻璃罐中即可。

（烹饪秘籍）要先将坏的瓜子仁剔除干净，再来制作坚果酱。

组合变化菜谱

香辣瓜子酱

主料
▸ 瓜子酱1汤匙

辅料
▸ 老干妈辣椒酱2汤匙

做法

1 取1汤匙瓜子酱放入碗中。

2 加入2汤匙老干妈辣椒酱，搅拌均匀即可。

瓜子富含多种维生素和矿物质，能够保护心脏、提高免疫力。由瓜子制作而成的坚果酱有一种淡淡的清香，可以充当调料拌在水果沙拉里，让美味升级，还可以在吃火锅时充当蘸料使用，你尽可以根据心情随意搭配。

増強记忆力

巴西坚果酱

⏱ 50分钟　🍴 简单

主料
▸熟巴西坚果仁300克

辅料
▸橄榄油1汤匙　▸盐3克

做法

1 将巴西坚果仁倒入料理机内打成粉末，倒入碗中备用。

2 再加入橄榄油、盐，搅拌均匀。

3 将搅拌好的巴西坚果糊再次放入料理机中，搅打至细滑的泥状。

4 将搅打好的巴西坚果酱装入干净的密封玻璃罐中即可。

烹饪秘籍 在用料理机制作果酱时，最好分次搅打，每5分钟让机器休息一下，这样可以减少机器的磨损。

组合变化菜谱

巴西坚果罗勒酱

主料
▸巴西坚果酱2汤匙

辅料
▸罗勒叶1把　▸柠檬半个
▸大蒜1瓣

做法

1 将罗勒叶捣碎，倒入碗中，加入巴西坚果酱，搅拌均匀。

2 大蒜洗净，切成碎末，倒入碗中；柠檬洗净，挤汁在碗中。

3 将全部材料搅拌均匀即可。

巴西坚果清香松脆，富含硒元素，它能够促进谷胱甘肽的合成，长期食用可以增强记忆力，有健脑的作用。由巴西坚果制作成的坚果酱，醇香之余带有一点点咸味，在早餐时光搭配牛奶面包食用，美味又健康。

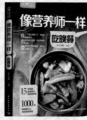

懒人下厨房系列

家常美食系列

图书在版编目（CIP）数据

萨巴厨房. 果汁与果酱 / 萨巴蒂娜主编. — 北京：中国轻工业出版社，2019.12

ISBN 978-7-5184-2674-4

Ⅰ. ①萨… Ⅱ. ①萨… Ⅲ. ①果汁饮料 - 制作 ②果酱 - 水果加工 Ⅳ. ① TS972.12 ② TS275.5 ③ TS255.43

中国版本图书馆 CIP 数据核字（2019）第 212011 号

责任编辑：高惠京　　责任终审：劳国强　　整体设计：锋尚设计
策划编辑：龙志丹　　责任校对：李　靖　　责任监印：张京华

出版发行：中国轻工业出版社（北京东长安街6号，邮编：100740）
印　　刷：北京博海升彩色印刷有限公司
经　　销：各地新华书店
版　　次：2019年12月第1版第1次印刷
开　　本：710×1000　1/16　印张：12
字　　数：200千字
书　　号：ISBN 978-7-5184-2674-4　定价：49.80元
邮购电话：010-65241695
发行电话：010-85119835　传真：85113293
网　　址：http://www.chlip.com.cn
Email：club@chlip.com.cn
如发现图书残缺请与我社邮购联系调换
190171S1X101ZBW